물 부족 문제, 우리가 아는 것이 전부인가

지속가능성 시리즈 **8**

물 부족 문제, 우리가 아는 것이 전부인가

볼프람 마우저 지음 | 김지석 옮김

도서출판 길

지속가능성 시리즈 ❽

물 부족 문제, 우리가 아는 것이 전부인가

2017년 4월 25일 제1판 제1쇄 찍음
2017년 4월 30일 제1판 제1쇄 펴냄

지은이 | 볼프람 마우저
옮긴이 | 김지석
펴낸이 | 박우정

기획 | 천정은
편집 | 이남숙

펴낸곳 | 도서출판 길
주소 | 06032 서울 강남구 도산대로25길 16 우리빌딩 201호
전화 | 02)595-3153   팩스 | 02)595-3165
등록 | 1997년 6월 17일 제113호

한국어 판 ⓒ 도서출판 길, 2017.
Printed in Seoul, Korea
ISBN 978-89-6445-140-3 04500

엮은이 서문

지속가능성 프로젝트

이 시리즈의 독일어 판은 예상을 훌쩍 뛰어넘는 판매고를 기록했다. 언론의 반응도 호의적이었다. 이 두 가지 긍정적 지표로 보건대 이 시리즈가 일반 독자들도 쉽게 이해할 수 있는 언어로 적절한 주제를 다루고 있음을 알 수 있다. 이 책이 광범위한 주제를 포괄하면서도 과학적으로 엄밀할뿐더러 일반인도 쉽게 접근할 수 있는 언어로 쓰였다는 점은 특히 주목할 만하다. 이것은 사람들이 아는 것을 실천함으로써 지속가능한 사회로 나아가는 데 정말이지 중요한 선결 요건이기 때문이다.

이 책의 일차분이 출간된 직후인 몇 달 전, 나는 유럽의 주변 국가들로부터 영어 판을 출간해 더 많은 독자가 이 책을 접할 수 있게 했으면 좋겠다는 이야기를 들었다. 그들은 이 시리즈가 국제적인 문제를 다루고 있느니만큼 될수록 많은 이들이 이 책을 읽고 지식을 바탕으로 토론하고 국제 차원에서 실천할 수 있도록 해야 한다고 역설했다. 한 국제회의에 파견된 인도·중국·파키스탄의 대표들이 비슷한 관심을 표명했을 때 나는 마음을 굳혔다. 레스터 R. 브라운Lester R. Brown이나 조너선 포리트Jonathan Porritt 같은 열정적인 이들은 일반 대중이 지속가능성 개념에 유의하도록 이끌어준 인물이다. 나는 이 시리즈가 새로운 개념의 지속가능성 담론을 불러일으킬 수 있으리라 확신한다.

내가 독일어 판 1쇄에 서문을 쓴 지도 어언 2년이 지났다. 그사이 우리 지구에서는 지속불가능한 발전이 유례없이 난무했다. 유가는 거의 세 배까지 올랐고, 산업용 금속의 가격도 걷잡을 수 없이 치솟았다. 옥수수·쌀·밀 같은 식량 가격이 연일 최고치를 경신한 것도 뜻밖이었다. 이 같은 가격 급등 탓에 중국·인도·인도네시아·베트남·말레이시아 같은 주요 발전도상국의 안정성이 크게 흔들리리라는 우려가 전 지구적 차원에서 짙어지고 있다.

지구 온난화에 따른 자연재해도 잦아지고 심각해졌다. 지구의 여러 지역이 긴 가뭄을 겪고 있으며, 그로 인한 식수 부족과 흉작에 시달리고 있다. 그런가 하면 세계의 또 다른 지역에서는 태풍과 허리케인으로 대규모 홍수가 나 지역민들이 커다란 고통에 빠져 있다.

거기에다 미국 서브프라임 모기지 위기로 촉발된 세계 금융시장의 혼란까지 가세했다. 금융시장 혼란은 세계 모든 나라들에 영향을 끼쳤으며, 불건전하고 더러 무책임하기까지 한 투기가 오늘의 금융시장을 어떻게 망쳐놓았는지 생생하게 보여주었다. 투자자들이 자본 투자에 따른 단기수익성을 과도하게 노린 바람에 복잡하고 음습한 금융 조작이 시작되었다. 기꺼이 위험을 감수하려는 무모함 탓에 거기 연루된 이들이 모두 궤도를 이탈한 듯 보인다. 그렇지 않고서야 어떻게 우량 기업이 수십 억 달러의 손실을 입을 수 있었겠는가? 만약 각국의 중앙은행들이 과감하게 구제에 나서 통화를 뒷받침하지 않았더라면 세계경제는 붕괴하고 말았을 것이다. 공적 자금 사용이 정당화될 수 있는 것은 오로지 이러한 환경에서뿐이다. 따라서 대규모로 단기자본 투기가 되풀이되는 사태를 서둘러 막아야 한다.

이 같은 발전의 난맥상으로 미루어볼 때 지속가능성에 관해 논의해야 할 상황은 충분히 무르익은 것 같다. 천연자원이나 에너지의 무분별한 사용이 심각한 결과를 초래하며, 이는 미래 세대에만 해당하는 일이 아니라는 사실을 점점 더 많은 이들이 자각하고 있다.

2년 전이라면 세계 최대의 소매점 월마트가 고객과 지속가능성에 관해 대화하고 그 결과를 실행에 옮기겠다고 약속할 수 있었겠는가? 누가 CNN이 「고잉 그린」Going Green 같은 프로그램을 방영할 수 있으리라고 생각이나 했겠는가? 세계적으로 더 많은 기업들이 속속 지속가능성이라는 주제를 주요 전략적 고려 사항으로 꼽고 있다. 우리는 이 여세를 몰아 지금 같은 바람직한 발전이 용두사미로 그치지 않고 시민사회의 주요 담론으로 확고히 자리 잡을 수 있도록 해야 한다.

하지만 개별적인 다수의 노력만으로는 지속가능한 발전을 이룰 수 없다. 우리는 우리 자신의 생활양식과 소비 및 생산방식에 근본적이고 중대한 질문을 던져야 하는 상황에 놓여 있다. 에너지나 기후 변화 같은 주제에만 그치지 않고, 미래 지향적이고 예방적으로 지구 전체 시스템의 복잡성을 다루어야 하는 것이다.

모두 열두 권에 달하는 이 시리즈의 저자들은 우리가 지구 생태계를 파괴함으로써 어떤 결과에 이르렀는지를 종전과는 다른 각도에서 조망하고 있다. 그러면서도 지속가능한 미래를 일굴 수 있는 기회는 아직 많이 남아 있다고 덧붙인다. 하지만 그러려면 지속가능한 발전이라는 원칙에 입각해 올바로 실천할 수 있도록 우리의 지식을 총동원해야 한다. 지식을 행동으로 연결하는 조치가 성과를 거두려면 모든 이들을 대상으로 어렸을 적부터 광범위한 교육을 실시해야 한다. 미래에 관한 주요 주제를 학교 교육과정에서 다뤄야 하고, 대학생은 지속가능한 발전에 관한 교양과정을 필수적으로 이수하게 해야 한다. 남녀노소를 불문하고 모든 이들에게 일상적으로 실천할 기회를 마련해 주어야 한다. 그래야 스스로의 생활양식에 대해 비판적으로 사고하고 지속가능성 개념에 기반해 바람직한 변화를 도모할 수 있다. 우리는 책임 있는 소비자행동을 통해 지속가능한 발전으로 나아가는 길을 기업들에게 보여주어야 하며, 여론 주도층으로서 영향력을 행사하면서 적극 나서야 한다.

바로 그러한 이유에서 내가 몸담고 있는 책임성포럼Forum für Verantwortung과 ASKO 유럽재단ASKO Europa Foundation, 유럽아카데미 오첸하우젠European Academy Otzenhausen이 협력해, 저명한 '부

퍼탈기후환경에너지연구소'Wuppertal Institute for Climate, Environment and Energy가 개발한 열두 권의 책과 함께 볼 만한 교육용 자료를 제작했다. 우리는 프로그램을 확대해 세미나를 진행하고 있는데, 초창기의 성과는 매우 고무적이다. 일례로 유엔은 '지속가능발전교육'Education for Sustainable Development; ESD이라는 10개년 프로젝트를 진행하기로 했다. 이 같은 '지속가능성 확산' 운동이 순조롭게 진행됨에 따라 객관적인 정보나 지식에 대한 대중의 관심과 수요는 날로 늘 것으로 보인다.

기존 내용을 보완하느라 심혈을 기울이고 애초의 독일어 판을 좀 더 세계적인 맥락에 맞도록 손봐 준 지은이들의 노고에 감사드린다.

통찰력 있고 책임감 있는 실천

"우리 인간은 제2의 세계를 창조할 수 있는 신, 즉 초월적 존재가 되어가는 중이다. 자연계를 그저 새로운 창조를 위한 재료쯤으로 써먹으면서 말이다."

이것은 정신분석학자이자 사회철학자 에리히 프롬Erich Fromm이 쓴 『소유냐 존재냐』(1976)에 나오는 경고문으로, 우리 인간이 과학기술에 지나치게 경도된 나머지 빠지게 된 딜레마를 잘 표현하고 있다.

자연을 이용하기 위해 자연에 복종한다는 우리의 애초 태도("아는 것이 힘이다.")는 자연을 이용하기 위해 자연을 정복한다는 쪽으로 변질되었다. 수많은 진보를 이룩한 인류는 초기의 성공적 경로에서 벗어나 그릇된 길로 접어들었다. 셀 수도 없는 위험이 도사리고 있는 길로 말이다. 그 가운데 가장 심각한 위험은 정치인이나 기업인 절대다수가 경제성장을 늦추지 말아야 한다고 철석같이 믿고 있다는 데에서 비롯된다. 그들은 끝없는 경제성장이야말로 지속적인 기술혁신과 더불어 인류의 현재와 미래의 문제를 모조리 해결해 줄 수 있으리라 믿고 있다.

지난 수십 년 동안 과학자들은 자연과 필연적으로 충돌할 수밖에 없는 이러한 믿음에 대해 줄곧 경고를 해왔다. 유엔은 1983년에 일찌감치 세계환경발전위원회World Commission on Environment and Development; WCED를 창립했고, 이 위원회는 1987년에 '브룬틀란 보고서'Brundtland Report를 발간했다. '우리 공동의 미래'Our Common Future라는 제목의 그 보고서는 인류가 재앙을 피하고 책임 있는 생활양식으로 돌아갈 수 있는 길을 모색하는 데 유용한 개념을 제시했다. 장기적이고 환경적으로 지속가능한 자원 사용이 그것이다. 브룬틀란 보고서에 쓰인 '지속가능성'은 "미래 세대가 그들의 욕구를 충족시킬 수 있는 능력에 위협을 주지 않으면서 현 세대의 욕구를 충족시키는 발전"을 의미하는 개념이다.

숱한 노력이 있었지만 안타깝게도 생태적·경제적·사회적으로 지속가능한 실천을 위한 이 기본 원칙은 제대로 구현되지 않고 있다. 시민사회가 아직 충분한 지식을 갖추고 있지도 조직화되어 있지도 않은 탓이다.

이러한 상황을 배경으로, 그리고 쏟아지는 과학적 연구 결과들과 경고를 바탕으로, 나는 내가 몸담은 조직과 함께 사회적 책임을 맡기로 했다. 지속가능한 발전에 관한 논의가 활성화되는 데 힘을 보태고자 한 것이다. 나는 지속가능성이라는 주제에 관한 지식과 사실을 제공하고, 앞으로 실천하면서 선택할 수 있는 대안을 보여주고자 한다.

하지만 '지속가능한 발전'이라는 원칙만으로는 현재의 생활양식이나 경제활동을 변화시키기에 충분치 않다. 그 원칙이 일정한 방향성을 제시해 주는 것이야 틀림없지만, 그것은 사회의 구체적 조건에 맞게 조율되어야 하고 행동 양식에 따라 활용되어야 한다. 미래에도 살아남기 위해 스스로를 재편하고자 고심하는 민주주의 사회는 토론하고 실천할 줄 아는 비판적이고 창의적인 개인들에게 의존해야 한다. 따라서 지속가능한 발전을 실현하려면 무엇보다 남녀노소를 가리지 않고 그들에게 평생교육을 실시해야 한다. 지속가능성 전략에 따른 생태적·경제적·사회적 목표를 이루려면 구조적 변화를 이끌어내는 잠재력이 어디에 있는지 알아보고 그 잠재력을 사회에 가장 이롭게 사용할 줄 아는 성찰적이고 혁신적인 일꾼들이 필요하다.

그런데 사람들이 단지 '관심을 기울이는 것'만으로는 여전히 부족하다. 우선 과학적인 배경지식이나 상호 관계를 이해하고 나서 토론을 통해 그것을 확인하고 발전시켜야 한다. 오직 그렇게 해야만 올바로 판단할 수 있는 능력이 길러진다. 이것이 바로 책임 있는 행동에 나서기 위해 미리 갖춰야 할 조건이다.

그러려면 사실이나 이론을 제기하되, 반드시 그 안에 주제에 적합하면서도 광범위한 행동 지침을 담아내야 한다. 그래야 사람들이 그 지침에 따라 나름대로 행동에 나설 수 있다.

이 같은 목적을 실현하기 위해 나는 저명한 과학자들에게 일반인도 이해할 수 있는 방식으로 '지속가능한 발전'에 따른 주요 주제의 연구 상황과 가능한 대안을 들려달라고 요청했다. 그렇게 해서 결실을 맺은 것이 바로 이 지속가능성 시리즈 열두 권이다. (아래의 각 권 소개 참조.) 이 작업에 참여한 이들은 다들 지속가능성을 향해 사회가 단일대오를 형성하는 것 말고는 달리 뾰족한 대안이 없다는 데 뜻을 같이했다.

— 우리의 지구, 얼마나 더 버틸 수 있는가(일 예거 Jill Jäger)
— 에너지 위기, 어떻게 해결할 것인가(헤르만-요제프 바그너 Hermann-Josef Wagner)
— 기후 변화, 돌이킬 수 없는가(모집 라티프 Mojib Latif)
— 경제성장과 환경 보존, 둘 다 가능할 수는 없는가(베른트 마이어 Bernd Meyer)
— 전염병의 위협, 두려워만 할 일인가(슈테판 카우프만 Stefan Kaufmann)
— 생물 다양성, 얼마나 더 희생해야 하는가(요제프 H. 라이히홀프

Josef H. Reichholf)

— 바다의 미래, 어떠한 위험에 처해 있는가(슈테판 람슈토르프·캐서린 리처드슨Stefan Rahmstorf & Katherine Richardson)

— 물 부족 문제, 우리가 아는 것이 전부인가(볼프람 마우저Wolfram Mauser)

— 고갈되는 자원, 더 효율적으로 사용할 수 없는가(프리드리히 슈미트-블레크Friedrich Schmidt-Bleek)

— 미래의 식량, 모두를 먹여 살릴 수 있는가(클라우스 할브로크 Klaus Hahlbrock)

— 과밀한 세계? 세계 인구와 국제 이주(라이너 뮌츠·알베르트 F. 라이터러Rainer Münz & Albert F. Reiterer)

— 새로운 세계질서 구축: 미래를 위한 지속가능한 정책(하랄트 뮐러Harald Müller)

공적 토론

내가 이 프로젝트를 추진할 용기를 얻고, 또 시민사회와 연대하고, 그들에게 변화를 위한 동력을 제공해 줄 수 있으리라 낙관하게 된 것은 무엇 때문이었을까?

첫째, 나는 최근 빈발하는 심각한 자연재해 탓에 누구나 인간이 이 지구를 얼마나 크게 위협하고 있는지 민감하게 깨달아가고 있음을 알게 되었다. 둘째, 지속가능한 발전이라는 개념을 시민들이 이해하기 쉬운 언어로 포괄적이면서도 집중적으로 다룬 책이 시중에 거의 나와 있지 않았다.

이 시리즈 일차분이 출간될 즈음 대중은 기후 변화나 에너지 같은 주제에는 큰 관심을 기울이고 있었다. 이는 2004년 지속가능성에 관한 공적 담론에 필요한 아이디어와 선결 조건을 정리할 무렵에는 기대하기 힘들었던 것이다. 특히 다음과 같은 사건들이 계기가 되어 이러한 변화가 가능했다.

첫째, 미국은 2005년 8월 허리케인 카트리나로 뉴올리언스가 폐허로 변하고 무정부 상태가 이어지는 모습을 속절없이 지켜보아야 했다.

둘째, 2006년 앨 고어Al Gore가 기후 변화와 에너지 낭비에 관해 알리는 운동을 시작했다. 그 운동은 결국 다큐멘터리 「불편한 진실」An Inconvenient Truth로 결실을 맺었는데, 이 다큐멘터리는 전 세계 모든 연령층에 강렬한 인상을 남겼다.

셋째, 700쪽에 달하는 방대한 스턴 보고서Stern Report가 발표되면서 정치인이나 기업인들의 경각심을 이끌어냈다. 영국 정부가 의뢰한 이 보고서는 2007년 전직 세계은행 수석 경제학자인 니컬러스 스턴Nicholas Stern이 작성하고 발표했다. 스턴 보고서는 우리가 "과거의 기업 행태를 답습하고" 기후 변화를 막을 수 있는 그 어떤 적극적 조치도 취하지 않는다면 세계경제가 얼마나 큰 피해를 입을지 분명하게 보여주었다. 더불어 스턴 보고서는 우리가 실천에 나서기만 한다면, 그 피해에 치를 비용의 10분의 1만 가지고도 얼마든지

대책을 세울 수 있으며, 지구 온난화에 따른 평균기온 상승을 2°C 이내로 억제할 수 있다고 주장했다.

넷째, 2007년 초에 발표된 기후 변화 정부간 위원회Intergovernmental Panel for Climate Change; IPCC 보고서가 언론의 열렬한 지지를 얻고 상당한 대중적 관심을 모았다. 그 보고서는 상황이 얼마나 심각한지를 이례적으로 적나라하게 폭로하며 기후 변화를 막을 과감한 조치를 촉구했다.

마지막으로, '지구를 살리자'Save the world라는 빌 클린턴의 호소와 빌 게이츠, 워런 버핏, 조지 소로스, 리처드 브랜슨 같은 억만장자들의 이례적 관심과 열정을 꼽을 수 있다. 전 세계 사람들에게 각별한 인상을 남긴 그들의 노력을 빼놓을 수는 없다.

이 시리즈 열두 권의 지은이들은 각자 맡은 분야에서 지속가능한 발전을 지향하는 적절한 조치를 제시해 주었다. 우리 행성이 경제·생태·사회 분야에서 지속가능한 발전으로 성공리에 이행하려면 하루아침이 아니라 수십 년이 걸리리라는 사실을 우리는 늘 유념해야 한다. 지금도 여전히 장기적으로 볼 때 가장 성공적인 길이 무엇일지에 대해서는 딱 부러진 답이나 공식 같은 게 없다. 수많은 과학자들, 혁신적인 기업인과 경영자들은 이 어려운 과제를 풀기 위해 창의성과 역량을 총동원해야 할 것이다. 갖가지 난관에도 불구하고 우리는 희미하게 다가오고 있는 재앙을 극복하기 위해 과연 어떤 목적의식을 가져야 하는지 확실하게 인식할 수 있다. 정치적 틀이 갖춰져 있기만 하다면, 전 세계의 수많은 소비자들은 날마다 우리 경제가 지속가능한 발전으로 옮아가도록 돕는 구매 결정을 내릴 수 있다. 더욱이 국제적 관점에서 보자면 수많은 시민들이 의회를 통해 민주적으로 정치적 '노선'을 마련할 수도 있을 것이다.

최근 과학계·정치계·경제계는 자원 집약적인 서구의 번영 모델(오늘날 10억 명의 인구가 누리고 있는)이 나머지 50억 명(2050년이 되면 그 수는 최소 80억으로 불어날 것이다)에게까지는 확대될 수 없다는 데 의견을 같이한다. 인구가 지금 같은 추세로 증가한다면 조만간 지구의 생물물리적biophysical 수용 능력으로는 감당이 안 되는 지경에 이를 것이다. 현실이 이렇다는 데 대해서는 사실 논란의 여지가 없다. 다만 우리가 그 현실에서 어떤 결론을 이끌어내야 할 것인가가 문제일 뿐이다.

심각한 국가간 분쟁을 피하고자 한다면 선진국은 발전도상국이나 문지방국가threshold countries, 선진국 문턱에 다다른 국가보다 자원 소비량을 한층 더 줄여야 한다. 앞으로 모든 국가는 비슷한 소비 수준을 유지해야 한다. 그래야 발전도상국이나 문지방국가에게도 적절한 번영 수준을 보장해 줄 수 있는 생태적 여지가 생긴다.

이처럼 장기적 조정을 거치는 동안 서구 사회의 번영 수준이 급속도로 악화되지 않도록 하려면, 높은 자원 이용 경제에서 낮은 자원 이용 경제로, 즉 생태적 시장경제로 한시바삐 옮아가야 한다.

한편 발전도상국과 문지방국가도 머잖아 인구 증가를 억제하는 데 힘을 쏟아야 할 것이다. 1994년 카이로에서 유엔 국제인구발전회의International Conference on Population and Development; ICPD가 채택한

20년 실천 프로그램은 선진국의 강력한 지지를 기반으로 이행되어야 한다.

만약 인류가 자원과 에너지의 효율을 대폭 개선하는 데, 그리고 인구 성장을 지속가능한 방식으로 조절해 가는 데 성공하지 못한다면, 우리는 생태 독재eco-dictatorship라는 위험을 무릅써야 할지도 모른다. 유엔의 예견대로 세계 인구는 21세기 말 110억에서 120억 명으로 불어날 것이다. 에른스트 울리히 폰 바이츠제커Ernst Ulrich von Weizsäcker가 말했다. "국가는 안타깝게도 제한된 자원을 분배하고, 경제활동을 시시콜콜한 부분까지 통제하고, 환경에 이롭도록 시민들에게 해도 되는 일과 해서는 안 되는 일까지 일일이 제시하게 될 것이다. '삶의 질' 전문가들이 인간의 어떤 욕구는 충족될 수 있고, 또 어떤 욕구는 충족될 수 없는지를 거의 독재자처럼 하나하나 규정하게 될는지도 모른다."(『지구정치학』Earth Politics)

때가 무르익다

이제 근원적이고 비판적으로 재고해 보아야 할 때가 되었다. 대중은 자신이 어떤 유의 미래를 원하는지 결정해야 한다. 진보, 삶의 질은 해마다 일인당 국민소득이 얼마 증가하느냐에 달린 게 아니며, 우리의 욕구를 충족시키는 데 그렇게나 많은 재화가 필요한 것도 아니다. 이윤 극대화나 자본 축적 같은 단기적 경제 목표야말로 지속가능한 발전의 가장 큰 걸림돌이다. 우리는 지방분권화되어 있던 과

거의 경제로 되돌아가야 하고, 그리고 세계무역이나 그와 관련한 에너지 낭비를 의식적으로 줄여가야 한다. 만약 자원이나 에너지에 '제값'을 지불해야 한다면 세계적인 합리화나 노동 배제 과정도 달라질 것이다. 비용에 따른 압박이 원자재나 에너지 분야로 옮아갈 것이기 때문이다.

지속가능성을 추구하려면 엄청난 기술혁신이 필요하다. 하지만 모든 것을 기술적으로 혁신해야 하는 것은 아니다. 삶의 모든 영역을 경제 제도의 명령 아래 놔두려 해서도 안 된다. 모든 이들이 정의와 평등을 누리는 것은 도덕적이고 윤리적인 요청일 뿐 아니라 길게 봐서는 세계 평화를 보장하는 가장 중요한 수단이기도 하다. 그러므로 권력층뿐 아니라 모든 이들이 공감할 수 있는 새로운 토대 위에 국가와 국민의 정치 관계를 구축해야 한다. 또한 국제 차원에서 합의한 원칙 없이는 이 시리즈에서 논의하고 있는 그 어떤 분야에서도 지속가능성을 실현하기 어렵다.

마지막으로, 지금 같은 추세라면 21세기 말쯤에는 세계 인구가 110억에서 120억 명에 이를 것으로 추산되는데, 과연 우리 인류에게 그 정도로까지 번식을 해서 지구상의 공간을 모조리 차지하고 그 어느 때보다 극심하게 다른 생물종의 서식지와 생활양식을 제약하거나 파괴할 권리가 있는지 곰곰이 따져보아야 한다.

미래는 미리 정해져 있지 않다. 우리의 실천으로 스스로 만들어가야 한다. 우리는 지금껏 해오던 대로 할 수도 있지만 그렇게 한다면 50년쯤 후엔 자연의 생물물리학적인 제약에 억눌리게 될 것이다.

이것은 아마도 불길한 정치적 함의를 띠는 것이리라. 하지만 아직까지는 우리 자신과 미래 세대에게 좀 더 공평하고 생명력 있는 미래를 열어줄 기회 또한 있다. 그 기회를 잡으려면 이 행성 위에 살아가는 모든 이들의 열정과 헌신이 필요하다.

2008년 여름

클라우스 비간트Klaus Wiegandt

지은이 서문

클라우스 비간트가 찾아와 자신이 이끄는 재단에서 지속가능성에 관한 열두 권짜리 시리즈를 출간하려고 구상 중이라 얘기하면서 내게 거기에 참여해 줄 수 있는지를 물었을 때, 나는 주저 없이 그러겠노라고 대답했다. 물 공급 문제는, 고도로 난해한 과학적 논의와 이 복잡한 쟁점을 종종 몹시 피상적으로만 다루는 신문기사에 전적으로 맡겨두기에는 너무나, 특히 지속가능성이라는 맥락에서 너무나 중요한 문제라는 게 내 판단이었다. 그래서 우리는 일반 독자들이 이해할 수 있으면서 과학적으로도 견실한 내용을 갖춘, 물의 미래에 관한 책을 내는 것을 목표로 하기로 했다. 그것은 깨끗한 물을 지속적으로 사용하기 위한 공동의 길 위에서 마주칠 수 있는 기회와 위험 요인에 대해 우리가 현재 가지고 있는 지식들을 보여주는 책이 될 것이었다.

이 일에 착수하면서 내가 가졌던 열정은 곧 이 책의 주제인 물에 대한 관심을 불러일으켰다. 이 관심은 헬리콥터에 탔을 때 경험했던 것과 비교할 만한 것인데, 쟁점의 범위가 얼마나 되는지 그리고 그 복잡함이 어느 정도인지를 깨달음으로써 생겨난 관심이다. 대개의 과학자들은 아무래도 협소하고 명확하게 규정된 단면만을 다룰 뿐이다.

자연과 생명과 인간에게 물은 기본적인 자원이다. 우리가 물에 관해 무엇을 알고자 하는지와 그것을 어떻게 다루는지는 우리 자신에 대해 많은 것을 말해 준다. 반복해서 사용할 수 있지만 그 양이 한정된 자원인 물을 사용하면서 우리가 겪는 어려움, 우리가 자연의 일부로서 살아가고 있는 세계를 실제로 상상함에 있어 생기는 문제들, 그리고 자원이 엄청나게 풍부함에도 불구하고 우리의 사고가 또한 엄청나게 근시안적이라는 점에 대해서 말이다. 그러므로 물을 다루는 일은 또한 우리가 자연과의 관계에서 빈번하게 직면하는 곤경을 다루는 것에 다름 아니다.

물—거의 모든 것을 용해시키는 이 물질—은 또한, 내가 거의 알아채지 못하는 사이, 내가 학문적 이력을 쌓아가는 과정에서 받은 과학적 훈련들 사이의 경계까지 서서히 해체해 버렸다. 차츰 강우 rain, 降雨의 용도 문제가 강우의 원인 문제에 동등하게 연결되었다. 경제학뿐 아니라 자연과학, 공학, 인문학, 사회과학과 문화과학이 협업하여 물 문제를 치우침 없이 다루어 이 천연자원을 지속가능하게 사용할 수 있는 길을 닦았을 때에만, 우리는 인간과 자연 사이의 균형을 얻어낼 수 있을 것이다. 때때로 자연과학자들과 공학자들의 오만함과 의사소통 부족으로 인해 해결책을 찾는 데 어려움이 초래되기도 한다. 물리학자이자 지리학자인 내가 이 문제를 다룸에 있어 그간 다져온 탄탄한 인문학적 기반이 큰 도움이 되었다.

어떻게 해야 물을 지속가능하게 다룰 수 있을지는 (다른 천연자원도 마찬가지다) 사회가 과학자, 정치인들이나 경제학자들에게 해결하라고 간단히 떠넘기고만 있어서는 안 될 문제이다. 이것은 우리 모두와 관련된 문제이면서 우리의 생존을 결정할 문제로서, 날로 세계화되어 가는 문명에 있어 매우 중대한 과제이다.

이 책이 나오기까지 도움을 준 모두에게 감사를 표하고 싶다. 그중에서도 가장 먼저 지속가능성이라는 주제에 알기 쉽게 접근할 수 있다는 확신과 용기를 북돋워준 클라우스 비간트와 지속가능성 재단에 감사한다. 그리고 오랜 세월 집요한 학문적 논쟁에 함께해 왔던 나의 동료들이 없었다면 이 책은 나올 수 없었을 것이다. 이번에 나는 내가 수년간 몸담았던 독일연구재단DFG 및 연방교육기술부BMBF 산하 기후변화연구위원회의 전현직 동료들에게 빚을 졌다. 수차례에 걸친 간학문적 토론은 항상 건설적이어서 새로운 통찰력을 제공해 주었다. 또한 뮌헨의 루트비히 막시밀리안 대학LMU 지리학과의 동료들과 직원들이 지적 자극을 주는 대화와 논쟁과 지원을 해준 데 대해 고마움을 전한다. 가장 고마운 이는 개인적으로나 학문적으로나 애정 어린 지원을 아끼지 않았던 나의 아내 하이케 바흐 박사이다.

2007년 1월 20일 뮌헨에서

• 차례 •

엮은이 서문　　　　　　　　　　　　　　　　　5
지은이 서문　　　　　　　　　　　　　　　　　20

제1장 들어가며　　　　　　　　　　　　　　　27

제2장 지구 생명 유지 시스템 속의 물　　　　　33

물: 독특한 물질　　　　　　　　　　　　　　　35
왜 생명체와 물은 분리할 수 없는가?　　　　　40
제3의 평형　　　　　　　　　　　　　　　　　41
지구의 인간 생활　　　　　　　　　　　　　　47
자연은 물 사용에서 어떤 틀을 제공하는가?　　54
자연과 사회의 물 사용　　　　　　　　　　　　56
푸른 물과 녹색 물　　　　　　　　　　　　　　58
요약　　　　　　　　　　　　　　　　　　　　65

제3장 물은 어떻게 사용되는가: 지역 사례　　　69

아랄 해　　　　　　　　　　　　　　　　　　69
나일 강　　　　　　　　　　　　　　　　　　79

제4장 물은 얼마나 많이 있는가: 새로운 관점   99

　물과 지속가능한 발전에 관한 더블린 선언   102
　물의 양   108

제5장 물과 토지 이용   111

　지역적으로 사람은 무엇을 하는가   111
　지구적으로 사람은 무엇을 하는가   119
　사람은 지구의 토지 이용을 어떻게 바꿨는가   125
　사람은 유목민이었다   127
　사람은 농부가 됐다   131
　사람은 도시 거주자다   136
　사람은 지구 시스템과 다르게 행동한다   140
　사람과 자연을 위한 물   144
　요약   152

제6장 사람에게는 얼마나 많은 물이 필요한가   155

　식수   156
　위생용 물   157
　산업용 물   163
　식량을 위한 물   167
　물과 생활양식   173

요약 178

제7장 가상수 181

가상수란 무엇인가 183
소비와 환경적 지속가능성의 결합: 물 발자국 190

제8장 수자원의 미래 199

우리에게는 앞으로 얼마나 많은 물이 필요한가 205
추가되는 물은 어디서 나올 것인가 207
물을 더 잘 쓰기: 같은 양의 물로 더 많은 농작물을 212
지속가능한 수자원 이용을 이뤄낼 방법들 222

용어 설명 231
참고 문헌 234

일러두기

- 본문 중 오른쪽에 ■ 기호가 붙은 용어는 본문 뒤 부록으로 실은 「용어 설명」에서 자세한 내용을 확인할 수 있습니다.
- 이 책 12~13쪽에 나오는 지속가능성 시리즈의 책 제목들은 처음 열 권을 제외하고는 아직 한국어 판이 나오지 않은 것들로, 추후 한국어 판이 출간될 때에 그 제목이 바뀔 수 있습니다.

1 들어가며

물은 우리 환경의 자연스러운 한 부분이다. 우리의 위도, 곧 유럽 북부에서 물은 아직까지 귀하지 않으며, 그래서 거의 당연하게 여긴다. 자연이 빗물을 풍부하게 제공하는 데다, 복잡한 물 공급 시스템을 구축해 놓고 있다. 수도꼭지를 살짝 돌리기만 해도 물이 나오고, 목욕에서부터 정원 물 주기에 이르기까지 다양한 목적으로 사용할 수 있도록 보장한다. 갈수록 물이 깨끗해지고 호수와 강에 물고기가 많아졌다는 분명한 성공담을 듣다 보면, 지난 세기의 환경 위기가 극복됐다고 말하는 사람들이 옳은 것도 같다. 간단히 말해, 언뜻 보기에는 물에 대해 걱정할 이유가 없는 듯하다.

독일의 경우 1960년대와 70년대에는 물을 마구 사용해 초래된 결과에 초점이 맞춰졌다. 이후에는 대개 지구적 문제들, 구체적으로 여러 환경문제를 어떻게 받아들일지 하는 것으로 초점이 급격하게 바뀌었다. 공해 유발자와 공해, 죽어가는 물고기와 화학 폐기물, 수질 정화의 경제성, 기업과 가정이 유발하는 공해를 없애기 위한 하수처리 시설 같은 적절한 기술의 개발과 활용 등이 그것이다. 이전에는 들어보지도 못했던 아이디어들이 실행되기도 했다. 모든 마을에 하수처리 시설을 설치하거나 대기업인 바스프가 루트비히스하펜에 처음으로 거대한 산업용 하수처리 시설을 설치한 것이 그런 사례다. 전체적으로 이 분야에서 상당한 성공이 이뤄졌으며, 이는 그 사이에 물 오염이라는 의제가 사람과 자연의 관계를 다루는 공적인 논의에서 거의 사라진 사실로 알 수 있다. 공적인 관심사로 여전히 남아 있는 것은 홍수뿐인데, 독일인들이 보기에 이 문제는 무엇보다 다양하게 논의되는 기후 변화의 결과와 관련돼 있다.

그 사이 세상은 가만히 있지 않았다. 기업은 이제 아주 국제화했고, 경제 통합은 유럽 차원이 아니라 지구적으로 진행되었다. 이제 우리에게 영향을 끼치는 지구적 기후 변화에 인류가 책임을 져야 한다는 점을 부인하는 사람은 없다. 컴퓨터는 좁은 우주선에 세 사람을 태워 달로 보내던 시절을 훌쩍 뛰어넘어 발달했다. 복잡한 모의실험(시뮬레이션)을 통해, 컴퓨터는 기존의 지식을 공들여 엄밀하게 가공한 뒤 깔끔한 예지 형태로 우리에게 제공한다.

그러니 지구의 물에 관한 한 우리의 지역적인 인식은 잠시 제쳐놓는 게 좋겠다. 지역적 인식은 흔히 낡은 생각에 뿌리를 두고 있다. 지금 세상의 물 상황에 대한 세계적 차원의 결론 쪽으로 생각을 옮겨보자. 이는 다음과 같다.

"세계의 깨끗한 수자원은 갈수록 위협받고 있다. 인구의 증가, 늘

어나는 경제활동, 생활수준의 향상은 제한된 깨끗한 수자원을 둘러
싼 경쟁과 갈등을 심화시키고 있다. 또한 사회적 불평등, 경제적 소
외, 빈곤 완화책의 부족 등이 결합하면서 극빈자들은 땅과 숲 자원
을 지나치게 소모하도록 강요받고 있으며, 이는 흔히 수자원에 부정
적인 영향을 주고 있다. …… 현재 지구 인구의 3분의 1이 보통 정도
에서 심한 수준까지의 물 압박을 겪는 것으로 추정된다. 이 비율은
2025년에 이르면 지구 인구의 3분의 2까지 증가할 것으로 예상된다."

암울하게 들리는 이 말은, 물 문제를 다루는 선도적인 국제단체
연합체인 '지구적 물 동반자'(글로벌 워터 파트너십)■가 2000년에 발
표한 성명을 요약한 것이다. 이 결론은 지난 35년 동안 시야가 바뀌
었음을 분명히 보여준다. 우선 지구화를 거치면서 물 문제에 대한
개념 또한 지구화했을 뿐 아니라 근본적으로 변했다. 단순히 죽은
물고기와 악취만이 아니라 토양, 숲, 갈등, 지속가능성, 빈곤 퇴치 등
도 함께 논의된다. 그리고 더 큰 문제들이 닥칠 수 있다고 경고한다.
지구적 물 동반자의 성명은 짧고 간결하다. 성명은 무엇이 문제이고
그 원인이 무엇인지를 지적하고 있지만, 언뜻 보면 가능한 해결책이
몇 안 된다고 말하는 것 같다.

그동안 고도로 발전된 모의실험 프로그램을 가지고 집중적으로
모델화 작업을 한 결과, 지구적 물 동반자의 지구적 결론을 이제 지
역 규모에서도 적용할 수 있게 되었다. 이 결과들은 앞으로 물 부족
이 발생할 것으로 예상되는 지역들을 보여준다. 그림 1의 세계지도
는 2025년의 물 부족 가능성을 표시하고 있다. 지도는 스리랑카 콜

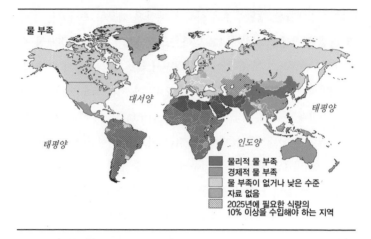

그림 1 2025년에 물리적·경제적 물 부족으로 가장 고통받을 것으로 예상되는 지역의 지도 (Geographie(2007), IWMI(2000)에 따라 수정)

롬보에 있는 국제물관리기구IWMI ▪가 작성했으며, 지구의 많은 지역에서 경제적이거나 물리적인 이유로 물이 부족할 것임을 보여준다. 경제적 물 부족은, 표시된 나라에서 물 부족이 경제 발전에 부정적인 결과를 낳을 것임을 뜻한다. 물리적 물 부족은 사람과 자연이 쓸 수 있는 물이 객관적으로 너무 적음을 의미한다. 영향을 받을 나라들은 남반구와 아시아의 넓은 개발 지역에 위치한다. 반면 이 지도를 보면 북반구에서는 물 부족이 거의 없다. 빗금으로 표시한 부분은 앞으로 주로 물 부족 때문에 필요 식량의 10퍼센트 이상을 수입해야 할 지역들이다.

그림 1은 물 문제가 앞으로 20년 후면 세계적인 문제가 될 것임을

보여준다. 따라서 의문이 생긴다. 이들 문제는 35년 전에도 있지 않았나? 그렇다면 왜 그때 문제를 처리하지 못했나? 단순히 관점이 바뀌어 이런 문제가 제기된 건 아닌가? 그렇게 긴급한 문제가 아니라 단지 환경 담론에서 불안감을 조성하는 일이 갈수록 늘고 있는 사례인 것은 아닌가? 실제로 이들 문제가 지난 30년에서 50년 사이에 생겼을 뿐이라면 새로운 의문이 생긴다. 이런 극적인 물 부족의 이유는 뭔가? 어쨌든 물은 가장 중요한 천연자원*의 하나다. 쓸 수 있는 물이 제한되는 이유는 무엇이며, 그 한계는 어디까지인가? 모든 세대에게 공정하려면, 즉 지속가능하려면 앞으로 물 사용과 관련해 어떤 발전을 기획할 수 있는가?

지구적 물 동반자와 국제물관리기구의 근본적인 분석은, 인류의 무제한적인 천연자원 사용이 무엇보다도 수자원 문제를 낳는다는 사실을 보여준다. 쓸 수 있는 물은 가까운 미래에 완전한 한계에 이를 것이다. 쓸 수 있는 물의 한계에 대한 인식이 이렇게 늘어난 것은 최근의 일이다. 이 새로운 인식을 다루는 것은 21세기 초두에 벌어진 환경 의제 논의의 한 특성이다. 게다가 에너지 공급, 토양의 비옥도, 바다의 생산성 등과 같은 다른 영역에도 제한이 생기기 때문에, 인류는 핵심적인 천연자원인 깨끗한 물을 어떻게 다뤄나갈지 더 중점적이고 자세하게 살펴보는 게 좋다. 우리는 물의 수송과 이용에 대한 의존과 거기에서 생기는 갈등을 살펴볼 필요가 있다.

미래의 지속가능한 수자원 사용 가능성뿐 아니라 지구의 물 균형에 인간이 미치는 영향을 깊이 살펴보기 전에, 기초적인 논의가 필요하다. 우선 사람에 너무 초점을 맞추지 않은 채, 물이 지구에서 하는 역할을 논의할 것이다. 지난 수십억 년에 걸쳐, 생명체는 물을 사용할 수 있었기에 인간의 도움 없이 지구에서 형성됐고 발전했다. 특이하게 그리고 엄청나게 풍부한 물이 어떤 결과를 낳았으며, 무엇보다도 지구상에 놀라운 다양성이 생겨나는 데 어떤 역할을 했는가? 물이 없다면 지구는 어떤 모습이 됐을까? 물과 생명은 어떻게 연계돼 있는가?

2 지구 생명 유지 시스템 속의 물

　사람은 '푸른 행성'에 산다. 우주 공간은 검지만, 바다는 지구를 푸르게 보이도록 한다. 우리가 알고 있는 그 어떤 행성에도 지구에 있는 것만큼의 물은 없다. 화성에서 얼음의 흔적이 발견되어 과거에 강과 호수가 있었던 것으로 충분히 믿을 만하긴 하다. 하지만 지구 표면은 70퍼센트가 액체 상태의 물, 5퍼센트는 얼음으로 덮여 있다. 물은 지구에서 세 가지 상태로 발견된다. 이런 엄청난 양의 물과 그 다양한 상태는 알려진 다른 모든 행성과 지구를 구별하게 해준다.

　지구에서 물은 항상 움직이고 있으며, 이는 태양에너지가 주도하는 순환의 한 부분이다. 물의 증발, 응결, 강수, 하천 흐름, 지하수 흐름 등이 이어진다. 지구 전체의 물 가운데 단지 0.1퍼센트만이 인간의 소비와 관련되는 단기적인 물순환에 포함된다. 대부분의 물은 바다, 빙하, 지하 대수층에 저장돼 수천 년이나 그 이상의 시간대에서만 움직인다. 물순환의 단기적인 부분이 지구에 물을 배분하며, 그

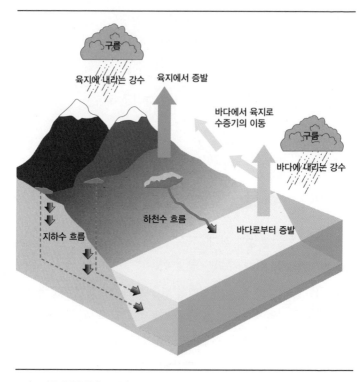

그림 2 지구의 물순환과 그 구성 요소

바다로부터 증발(45만 km³/연), 바다에 내리는 강수(41만 km³/연), 바다에서 육지로 수증기의
이동(4만 km³/연), 육지에서 증발(7만 km³/연), 육지에 내리는 강수(11만 km³/연), 하천수 흐름(2만
8,000km³/연), 지하수 흐름(1만 2,000km³/연), (Shiklomanov, 1977)

렇게 해서 자연과 사람에게 물을 제공한다. 그림 2는 여러 이동 경
로로 이루어지는 단기적 물순환을 보여준다.

물이 자연환경의 모든 영역에 존재하고 지구 시스템■의 모든 구성

요소를 통해 움직인다는 사실을 명확하게 알 수 있다. 물은 대기 중에서 수증기로 움직이며 빗물이 돼 땅에 스며든다. 이어 지하수로 땅속을 흐르다가 식물의 뿌리에 흡수돼 식물을 통해 이동한다. 수증기 형태로 식물을 떠나 다시 대기 속으로 옮아간 뒤 바람에 의해 이동한 후 구름으로 응결되고 빗물로 떨어진다. 물순환은 이렇게 마무리된다.

물은 땅에서 흘러가면서 화학물질을 운반하며, 이들 물질은 식물의 영양소로 사용되거나 노폐물로 처리된다. 그래서 물은 지구의 상이한 부분 사이의 특별한 연결자이자 중개자가 된다.

물: 독특한 물질

물에 어떤 특성이 있기에 이런 중요한 중개자 역할을 할 수 있을까? 물은 자연 속의 다른 물질에 비해 일련의 독특한 특성을 지니고 있으며, 이는 물이 지구에서 수행하는 예외적인 역할을 설명해준다.

지구상에 가장 풍부하게 존재하는 분자 가운데 물은 가장 가벼운 물질에 속한다. 게다가 단 세 개의 원자로 이뤄져 있어 구성이 간단하다. 산소 원자 한 개와 수소 원자 두 개가 104.5도의 각도로 결합돼 있다. 이 간단한 분자는 여러 예외적인 특성을 갖는데, 이는 모두 존재하는 가장 작은 원자인 수소 원자 두 개가 커다란 산소 원자 한 개와 결합하고 있는 데 따른 것이다. 산소는 지배적인 구실

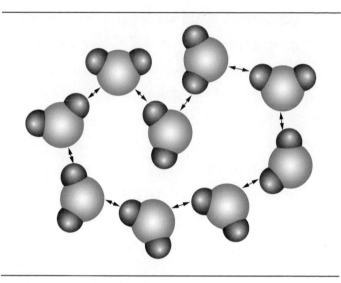

그림 3 물 분자는 수소결합을 형성해 서로 묶인다.

물질	상대 유전율
물	81
알코올	5
토양	2~3
진공	1

표 1 다른 자연 물질과 비교한 물의 상대 유전율

을 하며, 수소 원자의 전자를 끌어당긴다. 이는 분명한 양극과 음극을 갖는 물 분자의 아주 강한 극성을 만들어낸다. 분자 극성의 강도는 상대 유전율(relative dielectric constant, 전기용량이 진공일 때에

분자	분자량(mol)	녹는점(℃)	끓는점(℃)
H_2O	18	0	100
H_2S	34	−82	−61
H_2Se	80	−64	−42
H_2Te	129	−51	−4

표 2 자연 속의 다른 비슷한 분자와 비교한 물의 녹는점과 끓는점

비해 몇 배인지를 나타내는 비율—옮긴이)로 표시된다. 모든 자연 물질 가운데 물은 최대 유전율을 갖고 있다. 이는 물 분자의 작은 크기와 더불어, 물이 알려진 최고의 자연 용해제가 되는 이유가 된다. 표 1은 물의 상대 유전율이 얼마나 예외적인 위치를 차지하고 있는지를 보여준다. 그 수치는 자연 속의 다른 물질과 비교해 마흔 배나 크다.

그림 3에서 보듯이, 물 분자의 예외적인 극성은 물 분자들이 서로 끌어당겨 수소결합을 형성하도록 한다.

이는 거꾸로 주기율표에서 산소의 직접적인 이웃들이자 역시 비슷한 분자를 형성하는 황·셀레늄·텔루륨 등과 비교해 물의 녹는점과 끓는점을 예외적으로 높게 만든다. 표 2는 물이 이들 원소와 비교할 때 실제로는 -93℃의 녹는점과 -72℃의 끓는점을 가져야 한다는 사실을 보여준다. 이 경우 물은 지구에서 수증기로만 존재할 수 있다. 하지만 물 분자들 사이의 전기적인 끌림, 곧 수소결합 때문에 물의 녹는점은 0℃이고 끓는점은 100℃이다. 물은 확실히 이들

원소보다 가볍지만 분명히 훨씬 높은 온도에서 녹고 끓는다. 지구 시스템에 중요한 물의 부가적인 물리적 특성은 수소결합에 따른 것이다. 물의 아주 큰 열용량(어떤 물질의 온도를 1℃ 상승시키는 데 필요한 열량―옮긴이), 높은 기화 및 용해 온도 등이 그것이다. 물을 녹이거나 기화시키려면 많은 열이 필요하며, 그 열은 비교할 수 있는 알려진 모든 자연 물질의 경우처럼 물 분자에 저장된다. 이런 뛰어난 열 저장 능력은 자연에서뿐 아니라 사람이 기계류를 냉각시키는 데도 활용된다. 얼음을 녹이려면 1그램당 340줄joule의 에너지가 필요하며 물을 기화시키려면 1그램당 2,450줄이 요구된다. 이 열은 물에 저장되며, 응결되거나 얼 때 각각 방출된다.

그런데 그림 4에서 보듯이, 물의 이런 모든 예외적 특성은 우리 행성계에서 지구의 위치를 고려할 때 훨씬 중요해진다. 이 그림은 태양계의 몇몇 행성과 함께, 물의 상평형 그림(phase diagram, 용액, 혼합물, 화합물 등 상phase 사이의 평형 관계를 나타낸 그림―옮긴이)을 보여준다. 가로축을 온도, 세로축을 압력으로 잡았을 때 물은 그래프의 모든 지점에서 고체, 액체 또는 기체 상태에 있다. 그림에서 보듯이, 물은 지구에서만 액체로 나타난다. 이는 어디에나 있는 기압이나 기온 또는 양쪽 모두의 작용에 따른 것이다. 금성의 대기는 비가 내리기에는 너무 뜨겁거나 조밀한 반면 다른 행성들은 너무 차갑다.

우리 태양계에서 지구의 예외적 역할을 이해하는 데 액체인 물이 왜 그렇게 중요한 요인이 되는 걸까?

여기서 나타나는 물의 복잡한 특성은 액체 형태의 물이 도처에

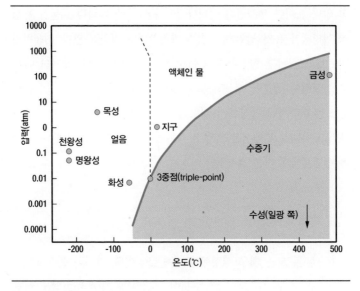

그림 4 각 행성의 위치와 함께 표시한 물의 상평형 그림
이 그림에 따르면, 액체인 물은 지구에만 존재할 수 있다.

존재하는 현상과 결합해 탄소 기반 생명체에 필요한 요구 조건에 이상적으로 들어맞는다. 따라서 모든 형태의 생명체가 압도적으로 물로 이뤄진 것은 놀라운 일이 아니다. 무엇보다 유전정보를 저장하는 기초가 되는 생물학적 고분자의 3차원 구조는 물 분자의 독특한 특성인 수소결합에 의해서만, 따라서 액체 상태의 물에 의해서만 존재할 수 있다. 수분을 함유한 용액 속에 있는 물 분자들은 생명체 고분자들의 구조를 만들고 유연하게 해준다.

그러나 지구의 보통 생물들이 물과 긴밀하게 연계돼 있다고 할 때의 의미는 이런 특성만은 아니다. 또 다른 아주 예외적인 물의 특성이 생명체가 유지·발전하는 것을 결정적으로 지원해 왔다. 이례적인 밀도가 그것이다. 물은 3.96℃에서 밀도가 가장 높다. 알려진 다른 모든 물질이 냉각될 때 축소되는 것과는 대조적으로, 물은 이 온도 밑으로 내려가면 팽창해서 밀도가 떨어진다. 그래서 물은 아래에서부터가 아니라 위에서부터 얼고 3.96℃의 물은 가라앉게 된다. 호수 속 생명체에게 이는 결정적인 이점으로 작용한다.

왜 생명체와 물은 분리할 수 없는가

물순환은 모든 지구 생명체의 전제 조건이다. 그러나 물은 더 큰 '기관', 곧 지구 시스템의 한 부분이기도 하다. 지구 시스템은 상호작용하는 과정들과 순환들로 이뤄진다. 탄소·질소·인·황의 순환은 물순환과 매우 긴밀하게 연결돼 있다. 이 모든 순환이 모든 생명 과정에 관여하며, 이는 아마도 지구의 가장 예외적인 특성일 것이다.

지구 시스템 및 이와 연계된 순환들의 작동은 생명체가 탄생하는 기초를 형성했으며, 생명체가 유지되는 전제 조건이 된다. 그래서 지구에서 순환들의 작용은 생명 유지 시스템을 형성한다. 이 시스템은 생명체가 받아들일 수 있는 수준으로 온도를 유지함으로써 기후를 통제한다. 이는 강수를 통해 물을 제공하며, 식물에게는 이산화탄소·물·영양소를, 동물에게는 산소·물·단백질을 공급한다. 풍화가 일어나는 지질학적·생물학적 과정들을 통해, 물은 영양소의 발산을 도와주고 박테리아가 폐기물을 분해하도록 한다. 이 시스템은 오존층을 구축해 지나친 자외선을 막아준다. 그리고 마지막으로 역시 중요한 것으로, 유기체들은 변이를 겪으며 그 결과 변화하는 생명 환경들에 적응하고 필요한 다양성을 창조해 낸다. 이는 상상조차 하기 쉽지 않은 오랜 시간인 지난 27억 년 동안 생명체가 존재하지 않았던 적이 결코 없도록 해줬다. 그래서 지구 생명 유지 시스템■의 통합성과 효율성은 지구의 가장 가치 있고 값진 상품이며, 어떤 일이 있더라도 보존돼야 한다. 이 생명 유지 시스템을 특징짓는 기제는 무엇일까?

제3의 평형

지구에서 액체인 물이 생겨나고 물순환이 창조된 것은 우연의 일치가 아니다. 실제로 최근 연구 결과가 그것이 역동적 평형의 표현임을 보여준다. 이 평형은 생명이 진화하는 동안 스스로 구축됐으며, 그 배경에는 생명체와 '비생명 과정'의 상호작용들이 있다.

지구에 생명체가 없다고 가정한다면 안정적인 에너지 상태는 단지 두 가지 경우뿐이다. 하지만 그 온도는 매우 다를 것으로 얘기할 수 있다.(Gorshkov, 2000) 그림 5에서처럼, 두 지점은 랴푸노프 곡선 Lyapunov curve에서 최저점 1과 3으로 표시된다. 랴푸노프 곡선은 지구 표면 온도가 달라질 경우 지표면 1제곱미터당 평균 에너지의 양에 대한 정보를 제공한다. 이 곡선의 최저점은 평형상태를 나타내

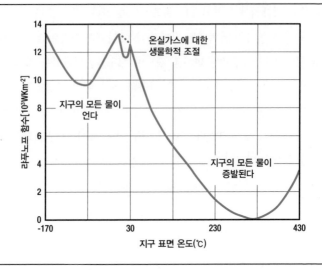

그림 5 지구의 제3의 평형상태와 그때의 지구 표면 온도(Gorshkov, 2000)

며, 외부에서 에너지가 추가될 경우에만 바뀔 수 있다. 생명체가 없는 지구는 작은 외부 변화가 있다 하더라도 불안정해지지 않는다. 곧 물리적으로 안정된 상태에 있다. 이런 상태의 예는 지구가 -90℃에서 거의 완전하게 얼음으로 뒤덮였거나(그림 5의 최저점 1) 310℃일 때다.(최저점 3)

첫 번째 경우, 주로 이산화탄소와 수증기인 온실가스▪가 대기 바깥에서 얼어버리고 지표면의 많은 부분을 뒤덮은 흰 얼음층이 태양에너지를 거의 완벽하게 반사할 때 평형상태가 생긴다. 온실가스가 사라지고 태양복사가 반사되면 지구에서 강력한 냉각이 이뤄진다.

약간의 온난화(예를 들어 지구가 공전궤도상에서 태양에 좀 더 가까워질 때)는 열복사 증가로 이어질 뿐이므로 이 상태는 안정적이다. 이 열은 온실가스의 방해를 받지 않고 대기 중으로 복사되며, 따라서 지구는 냉각된다. 온실가스가 없다면 오직 태양에너지만이, 지구 온도가 내려가 절대영도인 -273℃까지 떨어지는 것을 멈추게 한다.

물리적 평형의 두 번째 상태는 두 가지 온실가스의 효과가 가능한 최대치에 이르렀다는 특성을 갖는다. 이산화탄소와 마찬가지로 수증기도 강력한 온실가스다. 가능한 최대치의 온실효과는 물이 대기 중의 수증기로만 존재해서 온실가스로 작용할 때 일어난다. 화산 활동을 통해 대기에 방출된 이산화탄소 또한 점진적으로 늘어나는데, 생명체가 없는 지구에서는 대기 중의 이산화탄소가 줄어드는 과정이 없기 때문이다. 대기 중에 수증기와 이산화탄소가 고도로 집중돼 일어나는 극한의 온실효과는 약 310℃의 지표면 온도에서 평형상태에 이른다.

지구 시스템에서 일어나는 이 두 가지 평형상태의 특징은 물과 이산화탄소가 순환되지 않는다는 사실이다. 그러나 두 평형상태는 이제까지 지구에서 실제로 일어난 적이 없었다! 왜 그런가?

생명체는 생명을 뒷받침하는 다른 수준의 온도에서 세 번째 상태를 창조해 냈다. 이는 순전히 과학적인 근거로 볼 때 지구 시스템 순환들의 영향이 없다면 설명할 수 없다. 생명체가 없다면 이 상태가 가능하지 않으므로, 생명체 자신이 5℃에서 25℃ 사이 온도의 세 번째 상태를 창조한 게 된다. 이 세 번째 상태는 점진적으로 이뤄졌는데, 지구에 생명체가 등장한 초기에 막 시작된 광합성이 이 과정에서 이산화탄소를 대기 중으로부터 대규모로 몰아내 바이오매스[■]〔biomass, 생물질. 생활 기능이 있는 물질 또는 특정 생물체의 양을 중량 또는 에너지량으로 나타낸 것—옮긴이〕와 석회석을 만들어냈다. 그래서 온실효과가 줄어들고 기온이 떨어졌다. 원시 대기에 있던 이산화탄소의 많은 부분은 생명체의 껍질과 뼈에 합쳐졌다. 이 생명체들이 죽을 때, 이산화탄소는 석회암에 탄산칼슘 $CaCO_3$으로 저장됐다. 이렇듯 대기의 대규모 재구성에서 비롯된 동적인 평형의 특징은 지구의 기온이 서서히 $100\,°C$ 아래로 떨어졌다는 점에 있다. 여기서 물은 다른 두 평형상태에서처럼 순전히 물리적인 이유로 고체나 가스 상태가 아니라 주로 액체 상태를 유지한다. 여전히 대기에 남은 이산화탄소가 온실효과를 주로 떠맡고 있으며, 이는 방출되는 열복사를 줄임으로써 지구를 따뜻하게 한다.

제3의 평형상태는 지구의 생명체와 연계돼 있으며, 생명체가 더 이상 존재하지 않으면 사라질 것이다. 이런 평형이 중단될 수 있는 또 다른 경우는 그림 5에서 보듯이 대기 중의 온실가스가 아주 짧은 기간에 늘거나 줄어들어 지구가 지나치게 차가워지거나 뜨거워지는 것이다. 이는 그림 5에서처럼 수십억 년 동안 약 $15\,°C$의 좁은 구간 안에 있었던 지구의 온도가 그 구간에서 벗어나는 것을 뜻한다. 이 경우 지구의 온도는 불가피하게 자동적으로 두 가지 안정된 상태인 $-90\,°C$나 $310\,°C$ 가운데 하나로 움직일 것이다.

그래서 그림 5에서 보이는 제3의 평형상태는 지구에 있는 온실가스들의 섬세한 균형에 의존한다. 이 균형에서 핵심적인 역할을 하는 것은 물론 온실가스들, 특히 이산화탄소와 수증기의 자연적인 조절이다. 이는 식물을 매개로 한 이산화탄소와 물순환의 밀접한 상호작용을 통해 이뤄진다. 두 순환과 관련해 식물은 여러 측면에서 매우 중요하다.

- 식물은 탄소동화작용을 통해 대기의 이산화탄소 양을 조절하며, 식물이 죽으면 이산화탄소는 깊은 바닷속 또는 땅속 등에 장기적으로 비축된다.
- 식물은 증발을 늘림으로써 대기의 수증기 양에 영향을 끼친다. 비가 온 뒤 맨 위쪽 토양층(약 5센티미터)이 다시 마를 때 식물이 없으면 지표면의 증발이 급격히 줄어든다. 그러나 식물은 땅속으로 뿌리를 확장해 땅속의 전체 뿌리 구역(0.3미터에서 2미터까지)에서 물을 빨아들이는 효율적인 운송 시스템을 만들어내, 물을 수증기 형태로 대기 중으로 이동시킨다. 이렇게 늘어난 수증기 양은 강수를 늘려 더 많은 식생으로 이어진다.
- 식물은 산소를 생산함으로써 대기의 산소 양을 조절하며, 이는 거꾸로 토양 박테리아와 곰팡이 같은 모든 분해자의 전제 조건이 된다. 이들은 죽은 식물을 분해해 이산화탄소를 방출한다. 식물에 저장된 탄소를 대기 중에 돌려보냄으로써 탄소순환을 마무리한다.

탄소순환과 물순환은 지구가 탄생한 초기에는 서로 관련이 거의 없었지만, 이제는 식물을 통해 긴밀하게 연관돼 있다.

지구의 생명 유지 시스템은 이 제3의 평형상태를 지탱하며, 이런 맥락에서 무엇보다 다음과 같은 기능을 수행한다.

- 대기와 장기 비축지(바다와 토양 같은) 사이에서 이산화탄소를 교환한다. 그래서 온실효과를 통해 열 균형을 조절하고 지구의 온도를 생명체에 적합한 수준으로 유지한다.
- 증발과 증류를 통해 깨끗한 물이 비가 돼 육지에 내리도록 한다. 무엇보다 바다는 이런 대규모 물 증발의 주요 원천이며, 이 물은 지구적인 바람 시스템을 통해 육지로 이동된다.
- 풍화작용을 통해 바위로부터 토양을 만들어냄으로써 식물에게 영양소를 공급한다.
- 식물의 성장을 통해 사람과 동물에게 먹을 것을 제공한다.
- 동식물의 유해를 부패시켜 노폐물을 분해하거나 영양소로 전환시킨다.

이 다섯 가지 기능은 모두 액체 상태의 물을 필요로 하며, 따라서 물이 부족하면 제대로 수행될 수가 없다.

제3의 평형상태는 30억 년의 역사 과정에서 매우 안정적이었다. 생물의 전반적인 멸종을 낳은 운석의 충돌과 빙하시대로 이어진 지구궤도의 변화 등 대규모의 외부 영향에도 불구하고 당시의 환경 조건이 생명체에 적합한 한계 안에 있었다는 사실은 이 평형상태의 안정성을 잘 보여준다. 지구상에 생명체가 없었던 시기는 당연히 존재하지 않는다.

지구의 생명체는 광합성으로 통제되는 새롭고 안정적인 평형상태를 만들어냈으며, 이는 지구에서 약 27억 년 동안 생명체에 적합한 조건들을 유지했다. 액체 상태의 물이 많다는 것은 생명의 기본적인 전제 조건이며, 지구 생명 유지 시스템이 작동하는 데에도 마찬가지이다. 이 모든 기간 동안 섭씨 $0°$ 약간 위쪽에 있는 랴푸노프 함수의 작은 최소점(그림 5) 범위 바깥으로 온도가 움직인 때가 한순간도 없었다는 것은 놀랍다. 온도가 포물선의 측면을 지나 다른 최저점의 하나로 이동했더라면 지구의 생명체는 사라졌을 것이다. 그림 5는 분명히, 지구가 지난 27억 년의 과정에서 발전시킨 이런 상태가 물리적·생물학적 요인들의 특별한 상호작용에 따른 것임을 보여준다. 나아가 이는 당연한 과정이 아니며 영원히 지속될 것이라고 할수도 없다. 문제는 이 시스템이 평형상태를 잃지 않은 채 대처할 수있는 충격들이 어떤 것이며, 불가피하게 생명체를 위태롭게 하는 상태로 떨어뜨릴 충격들이 어떤 것인지가 확인되지 않았다는 점이다.

지구의 인간 생활

지구의 생명 유지 시스템이 인간 생활을 위한 생명 유지 시스템이기도 했던 것은 고작 200만 년 전부터일 뿐이다. 사람들은 지구 시스템이 제공하는 물자와 서비스, 곧 천연자원에 지속적으로 접근할 수 있어야 생존할 수 있다. 일반적으로 이런 천연자원은 경제적·인적·과학적 자원과는 대조적으로 공짜이며 무궁무진한 것으로 여겨지고 있다.

지구에서 접근할 수 있는 천연자원은 당연한 것으로 여겨지는 광범위한 구체적인 자원들이다.(Daily, 1977) 여기에는 다음과 같은 것들이 포함된다.

- 물리적 과정들: 자외선의 흡수를 통한 생명 보호, 강수, 빗물의 토양 침투, 땅속의 인 흡수, 부식, 퇴적, 바람에 의한 씨앗의 확산 등.
- 화학적 과정들: 광합성을 통한 산소 생산과 이산화탄소 흡수, 대기의 광화학적 정화, 암석의 화학적 풍화, 탈질소 반응〔미생물의 작용으로 토양 속의 질소가 질산 또는 아질산으로 변한 뒤 질소 가스 형태로 방출되는 일—옮긴이〕 등.
- 생물학적 과정들: 광합성과 단백질·지방·비타민 등의 생산, 식물의 꽃가루받이, 새에 의한 씨앗의 확산, 생물학적인 해충 통제, 바이오매스의 부식, 유기물에 의한 암석의 풍화, 생물 다양성을 통한 생물권의 안정 등.

작은 사고 실험을 해보자. 지금은 오존층이 자외선을 공짜로 막아주고 있지만, 이 일을 우리 문명이 기술적 기반 시설을 만들어 수행한다고 가정해 보자. 그러면 사회의 발전이 자연의 생산물과 과정들에 얼마나 의존하고 있는지를 알 수 있다. 오존층의 감소는, 식물이 성장할 수 있도록 하려면 플라스틱 필름이나 인공막으로 감싼 인위적인 자외선 필터로 모든 식물을 보호해 줘야 한다는 것을 뜻한다. 이런 광범위하고 복잡한 기술적 조처가 식품 가격에 끼칠 영향은 헤아리기조차 어렵다. 유럽 인구를 먹여 살리는 데 필요한 약 6000만 헥타르의 농작물만 계산하더라도 그 비용은 연간 수십억 유로에 이를 것이다. 게다가 여기에는 숲과 습지 같은 자연 식생을 보호하는 데 필요한 비용이 포함돼 있지 않다. 자연 식생은 산소를 만들어내고 대기에서 이산화탄소를 제거하는 데 필수 불가결하다.

벌이 자연적으로 해왔던 꽃가루받이를 인공적으로 하거나 자연적인 물 정화 대신 하수 시설이 그런 작업 전체를 해야 한다면 얼마나 많은 비용이 들지를 계산하는 사고 실험을 해볼 수 있다. 이런 극단적인 예들은 생명 유지 시스템의 기능에 대한 그 어떤 부정적 영향도 물자와 서비스의 손실로 이어질 것임을 보여준다. 이런 손실은 잘해 봐야 값비싼 기술적 대치물로만 메워질 수 있다. 따라서 적어도 원칙적으로는, 생명 유지 시스템의 기능에 대한 모든 부정적 영향은 전통적인 계산으로는 드러나지 않는 비용을 초래할 것이 분명하다.

인류의 여명기에, 인간은 삶의 조건을 개선하기 위해 천연자원을 활용했다. 1차적인 영양분을 자연환경 속의 자원에서 얻는 한, 생명 유지 시스템에 대한 요구에서 인간은 다른 큰 포유동물과 다르지 않다. 큰 포유동물들이 지구 시스템에 부정적 영향을 주지 않고 수백만 년 동안 존속해 온 사실을 보면, 그들의 행동은 지속가능하도록 자연적으로 설정돼 있으며 그들의 삶이 의존하는 자원도 그들이 사용한다고 해서 사라지지 않을 것이라고 결론지을 수 있다.

애초 인류는 수렵과 채집, 간단한 도구 제작 등을 위해 천연자원을 활용했다. 이후 기술이 발전하면서 천연자원의 활용은 농업, 물, 화석연료뿐 아니라 재생 가능한 에너지, 원자재, 급기야는 유전정보까지 포함하는 것으로 확장됐다. 이런 기술 발전 정도와 그와 관련해 결정을 내릴 수 있는 역량은 다른 동물의 영향을 뛰어넘는 집중적인 환경 변화로 이어지고 있다. 그래서 지구 시스템에 끼치는 인간의 영향은 독특하다. 천연자원의 활용 증가로 이어진 기술 발전은, 처음에는 인간의 수요가 지구 전체에 부정적인 영향을 줄까 봐 우려할 필요가 없다고 할 정도로 지구 자원이 풍부하다는 가정에 기초했다. 인구 증가와, 무엇보다도 1인당 천연자원 활용도를 뚜렷하게 증가시킨 생활양식의 변화는 지구 생명 유지 시스템의 무제한적 역량에 대한 이런 순진한 생각을 되돌아보도록 강력하게 요구한다.

인류 문화의 발전사는 천연자원 활용의 꾸준한 증대와 관련이 있다.

이는 특정한 생활양식을 유지하기 위해 소비하는 에너지의 양에서 특히 분명하다. 이는 원시인류 시기에서 수렵 채집기를 거쳐 초기 및 후기 농업사회, 오늘날의 산업사회 및 후기 산업사회에 이르기까지 인류 사회가 발전하는 동안의 에너지 소비를 나타낸 그림 6을 보면 알 수 있다. 한 사람의 1일 에너지 소비량은 인간 사회가 발전한 지난 1만 5,000년 동안 100배 이상 증가했다. 단지 생존하기

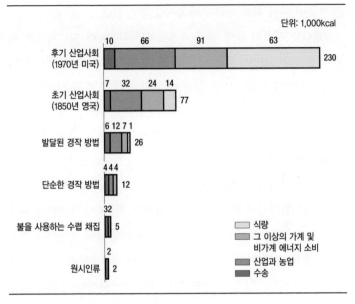

단위: 1,000kcal

	10	66	91	63	
후기 산업사회 (1970년 미국)					230

	7	32	24	14	
초기 산업사회 (1850년 영국)					77

6 12 7 1
발달된 경작 방법 26

4 4 4
단순한 경작 방법 12

32
불을 사용하는 수렵 채집 5

2
원시인류 2

식량
그 이상의 가계 및 비가계 에너지 소비
산업과 농업
수송

그림 6 여러 사회에서 1인당 하루에 소비하는 에너지의 양과 세부 비율(Ellen, 1987)

위해 필요한 에너지뿐 아니라 추가적인 형태의 에너지 소비가 정착 생활과 농업, 수송 등을 통해 나타났다. 지금 우리의 식량을 확보하는 데 필요한 에너지 소비조차 현대식 농업에서 많은 에너지를 사용하는 탓에 우리 선조들 때에 비해 5배나 증가했다.

에너지 소비가 증가했다는 것은 쉽게 이해할 수 있다. 지난 1,000년 동안 인류 문명의 모든 산물은 아주 최근을 제외하면 오직 화석연료를 사용해 만들어졌다. 그러나 석탄·석유·천연가스는 다 사용하면 고갈될 수밖에 없다. 이들은 재생 불가능하므로, 순환의

한 부분이 되기 위한 기준을 충족시킬 수는 없다.

그렇다면 우리의 문명 발전 과정에서 역시 좀 더 집약적으로 사용해 온 다른 천연자원은 어떨까? 물은 다 사용해도 없어지지 않으므로 고갈되지 않는다고 말할 수 있다. 오히려 물은 기능적인 순환을 통해 끊임없이 재생된다. 이런 의미에서 극단적으로 말해, 물은 공짜로 얻을 수 있으며 적어도 획득 가능성의 한계와 관련해서는 화석연료 같은 다른 자원과 근본적으로 다르다고 생각할 수 있다. 재생 불가능한 천연자원과는 대조적으로, 물을 획득할 가능성은 지구 시스템 내 물순환의 기능적 효율성에 의존한다. 만약 이 과정이 흐트러진다면 물의 획득 가능성은 줄어든다. 물이 자연적인 지구 시스템에서 순환의 한 부분이 되는 유일한 천연자원은 아니다. 그 외에 산소, 이산화탄소, 영양소, 특히 질소도 순환한다. 이들의 획득 가능성 또한 지구 시스템의 기능에 의존하며, 이는 물리적·생물학적 과정의 복잡한 상호작용으로 이뤄져 있다. 이런 순환에 대한 부담, 곧 채굴, 공해, 전용 등은 관련 과정의 효율성에 영향을 주고, 그래서 지구 생명 유지 시스템의 효율성과 안정성을 흔들게 된다.

에너지를 다룬 그림 6에서 보듯이, 천연자원을 갈수록 더 집중적으로 사용하는 과정에서 생물학적 성격의 제3의 평형 및 효율적인 생명 유지 시스템의 유지가 대가 없이 존재할 수 없다는 점이 사실상 무시돼 왔다. 천연자원과 관련한 인간의 '요구 조건'은 지구 시스템의 역동적 평형이 지속되려면 수행돼야 할 지구 생명 유지 시스템의 요구 조건과 직접적으로 경쟁하고 있다. 우리가 관련 천연자원을 계속 더 많이 사용하면서, 이들 자원은 자연적인 생명 유지 시스템 바깥으로 떨어져 나와 인간 자신의 규범과 결정에 종속되고 있다. 이 책에서는 물이 그렇다. 우리는 자신에게 혜택을 주는 자연에게 배은망덕할지 여부를 결정해야 한다.

지구 생명 유지 시스템에 큰 영향을 주는 여정에서 우리는 어디에 있는가? 기후 변화와 그 결과 나타나는 극단적인 '기후 사건'의 증가, 토양의 악화, 생물 다양성의 감소, 이들에 못잖게 중요한 수자원의 고갈은 인류가 만들어낸 영향력의 총체가 지구 생명 유지 시스템의 효율성과 안정성에 부정적인 영향을 끼치고 있다는 신호들이다.

우리의 욕구를 충족시키는 과정에서 생명 유지 시스템이 감당할 수 있는 한계는 어느 정도이며, 우리는 지구 시스템에 심각하고 되돌릴 수 없는 해를 끼치는 데서 얼마나 떨어져 있는가? 이 질문이 이 책의 핵심이며, 그 대답은 물이 수도꼭지에서 나올 수 있을지 여부와 같은 순전히 양적인 문제와는 전혀 다른 것이다. 단순히 물의 양만 보자면, 모든 수자원은 인류의 필요를 충족시킬 수 있을 것으로 생각될지도 모른다. 그러나 생명 유지 시스템의 효율성과 감당할 수 있는 한계에 대한 연구들은, 이 시스템의 장기적 작동을 담보로 하지 않는 수자원만을 인류가 사용하도록 해야 하며, 그래야 인류가 물을 지속가능하게 획득할 수 있음을 보여준다.

수자원 획득 및 사용과 관련한 고전적인 접근은 물 균형 등식에 기초한다. 이 식의 한쪽은 '투입'으로 강수량을 말한다. 그러나 이 투입은 세계 각 지역에서 극단적으로 다르다. 그림 7은 연간 밀리미터 단위(mm/a)의 지구촌 강수 분포(위쪽)와 인구 분포(아래쪽)를 보여준다.

그림 7의 위쪽 그림을 보면 강수량에서 커다란 지역적 불균형이 있음을 알 수 있다. 그 원인은 지구 차원의 바람 시스템에 있다. 바람은 대기 중의 수증기를 이동시키는데, 산과 데워진 지표면 등 국지적 요인에 따라 이 수증기는 지역적으로 다른 강수량으로 나타난다. 특히 적도 강수 벨트, 강수량이 적은 남북 아프리카와 오스트레일리아의 회귀선 부근 지역, 비가 많이 오는 온대 기후 지역이 주목할 만하고, 일반적으로 바다에서 멀어질수록 강수량이 줄어드는 경향을 보인다. 안데스 산맥과 북부 로키 산맥 사이의 서쪽 경계 지역과 히말라야 산맥의 남쪽 등의 지역에는 비가 매우 많이 온다. 평균 강수량의 이런 지역적 분포는 대륙과 바다의 분포 상태, 지구의 자전, 태양복사 등에 따른 것이다. 지구의 각 지역들이 아주 다른 조건을 만들어낸다는 사실은 사람뿐 아니라 자연에도 중요하다.

그림 7의 아래쪽 그림은 물의 이용이 정착지 분포에 직접적인 영향을 준다고 추정할 수 있게 해준다. 강수량이 충분한 지역에서만 인구밀도가 높게 나타난다. 이는 중국, 인도, 서아프리카, 유럽 등에

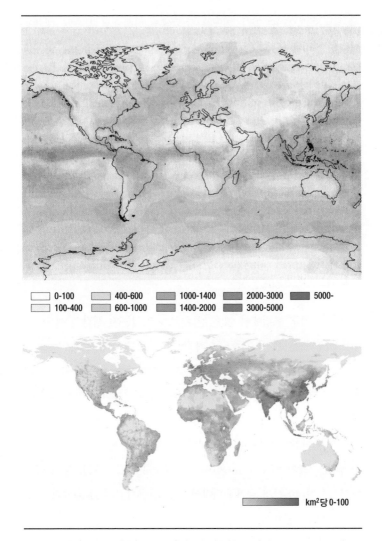

| 0-100 | 400-600 | 1000-1400 | 2000-3000 | 5000- |
| 100-400 | 600-1000 | 1400-2000 | 3000-5000 | |

km²당 0-100

그림 7 지구촌의 강수 분포(위쪽, mm/a)와 인구밀도(아래쪽, km²) (UNEP/GRID, 2006)

서 분명하게 알 수 있다. 미국은 동쪽에서 서쪽으로 갈수록 대체로 인구밀도가 낮아지는데 이는 강수량 감소와 잘 들어맞는다. 하지만 아프리카 콩고 강과 남아메리카 아마존 강 유역처럼 강수가 풍부하거나 아주 많음에도 사람이 거의 살지 않는 지역이 지구상에는 있다. 그래서 물 획득 가능성만으로는 인구밀도의 추이를 충분히 설명할 수 없다. 그 이상의 신중함이 필요하다. 물이 지표면에 떨어져 바다로 갈 때까지 어떤 지구 시스템과 경로를 거치는지 따라가 보자. 물은 이 경로를 거치면서 다양한 기능을 하며 여러 다른 방식으로 활용된다.

자연과 사회의 물 사용

강수가 지구 표면에서 어떤 긴 경로를 거치는지 생각해 보자. 이 경로에서, 물은 세 가지 중요한 과정의 고리로 통합돼 있다.

- 물리적 과정들: 증발과 응결은 물리적 과정이다. 지표면에서 물이 증발되는 데 필요한 에너지는 대기 중의 수증기에 저장돼 먼 거리까지 옮아갈 수 있으며, 어디서나 응결을 통해 방출될 수 있다. 지구 전체 에너지 이동의 3분의 2는 이 증발과 응결 체제를 통해 일어난다. 큰 땅덩어리의 한가운데에서 견딜 만하게 기온이 유지되는 것도 이 체제 덕분이다.
- 화학적 과정들: 결정화, 용해, 화학 반응은 화학적 과정이다. 물

은 아주 좋은 용액이다. 수백만 년 단위의 지리적 시간대에서, 물은 산을 침식시키고 기반암에서 토양을 만들어내며 무기물이 드러나게 한다. 무기물은 물과 함께 땅속으로 흘러들어 식물에 흡수된다. 무기물은 초목들이 생장하는 전제 조건이자 천연비료가 된다.

  - 생물학적 과정들: 광합성은 이산화탄소와 물을 당과 산소로 바꾸는 생물학적 과정이다. 당과 산소는 지구촌 생명체의 아주 복잡한 분자를 만드는 데 필요한 기초 생산물이다. 광합성의 모든 2차 생산물은 결국 박테리아, 동물, 인간을 위한 식량이 된다. 식량을 소비하면 물과 이산화탄소는 다시 방출된다. 물은 여기서도, 매우 간접적인 방식으로이긴 하지만, 단백질·탄수화물·지방 형태로 식량을 이동시키는 매개체가 된다.

  무엇보다 물이 지구 시스템에서 중개 물질로 사용된다는 사실이 눈에 띈다. 지표면의 생태계는 초목이 성장하고 소멸하는 생물학적 과정과 이와 관련된 식량 생산에 큰 책임을 지고 있다. 생태계는 인간 사회에 물자와 서비스를 제공한다. 이를 위해 생태계에는 무엇보다도 영양물질과 같은 용해된 물질이 필요하다. 영양물질은 수중 생태계, 토양, 지하수 등에서 물 용액을 매개로 한 화학적 과정을 통해 공급된다. 수중 생태계는 또한 어류 같은 먹을 것과 수력 전기를 제공하고, 용해된 오염 물질을 부식시켜 자연스럽게 물을 정화시키기도 한다. 수중 생태계뿐 아니라 육상 생태계도 증발과 응결을 통해 에너지와 빗물을 교환한다.

인간에게 사회와 그 안녕은 중요한 관심사다. 결국 이 책은 사람이 수자원을 사용할 수 있는 한계를 다룬다. 사회는 아주 다양한 목적을 위해 물순환 바깥으로 물을 끄집어낸다. 다른 물질로 된다는 측면에서 보면, 이 물의 아주 작은 부분만이 소모된다. 실제로 통상 지구 시스템을 거치면서, 물의 순도와 구성, 종합적 상태, 온도 등이 변한다. 그래서 물의 사용은 물의 변화다. 변화를 통한 물 사용의 이점은 여러 가지일 수 있다. 예를 들어 단순히 물을 마시는 것일 수도 있고, 공장에서 맥주를 생산하거나 냉동 및 열전기 산업, 수력발전, 수용성 쓰레기의 수송, 스키장에서의 인공 눈의 생산 등을 위해 물을 쓸 수도 있다.

푸른 물과 녹색 물

그래서 사회는 음용수뿐 아니라 씻기, 산업용, 폐기물 운반, 레저용 등을 위해 강·호수·지하수 등 여러 곳의 물을 직접적으로 활용해 혜택을 본다. 또한 사회는 지구 생명 유지 시스템 자체가 물을 쓰면서 제공하는 산물과 서비스를 통해 물을 간접적으로 활용한다.

강·호수·지하수에서 흐르는 눈에 보이는 액체 상태의 물은 '푸른 물'이라고 한다.(FAO, 1995·1997) 비가 땅 위에 내리면 푸른 물은 수로·개울·강 등에서 보이는 흐름을 이룬다. 그러나 지하로 흐를 수도 있는데, 이를 통해 지하수가 다시 채워진다.

반면 초목에서 수분이 증발돼 지표면에서 대기에 걸쳐 눈에 보이지 않는 수증기의 흐름이 생기는데, 이를 '녹색 물'이라고 한다. 이 증발을 생산적인 녹색 물이라고 한다. 이 물 흐름이 바이오매스의 생산으로 이어지기 때문이다. 여기서 물순환은 탄소순환과 직접적으로 상호작용을 한다. 생산적인 녹색 물의 흐름을 증산작용이라고도 한다.

그림 8은 물이 초목에서 거치는 경로를 나무를 통해 보여준다. 여기에는 세 가지 다른 영역이 관련돼 있다. 잎과 줄기, 뿌리가 그것이다. 물은 대부분 잎에서 증발되며, 이 과정에서 햇빛과 같은 에너지가 전체 시스템에 더해져 잎 내부와 대기 수증기 사이의 농도 기울기가 작동한다. '스토마타'stomata라는 잎의 작은 기공을 통해 수증기는 농도 기울기에 따라 대기 속으로 들어가 증발한다. 그러나 모세관 인력capillary attraction 탓에 더 많은 물이 줄기로부터 들어온다. 그래서 나무 몸체에는 계속해서 물이 흐르게 된다. 이 물은 땅에서 물을 흡수하는 땅속의 잔뿌리가 공급한다.

식물은 물을 전략적으로 활용하는데, 이는 토양으로부터 영양분을 얻고 자신의 온도를 조절하고 무엇보다도 광합성을 통해 성장하기 위해서다. 잎의 기공은 생산적인 녹색 물 흐름을 생리학적으로 적정하게 통제하며, 그래서 식물의 물 소비를 통제한다. 기공은 빛의 양, 온도, 토양의 습도에 맞춰 생존을 보장하기에 충분할 정도로 열리며, 각 나무의 위치에 맞춰 최적의 생산을 이뤄낸다.

식물은 뿌리 시스템을 갖추고 있는데, 이는 물의 분포와 필요성에 따라 얕게 또는 깊게 발달한다. 또한 잎 시스템은 광합성에 필요한

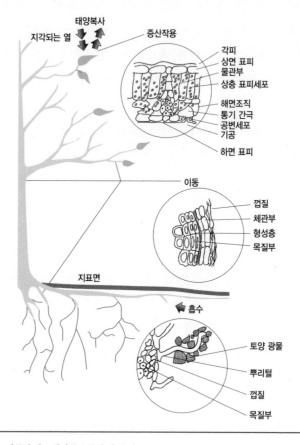

태양복사

지각되는 열

증산작용

각피
상면 표피
물관부
상층 표피세포

해면조직
통기 간극
공변세포
기공

하면 표피

이동

껍질
체관부
형성층
목질부

지표면

흡수

토양 광물

뿌리털

껍질

목질부

그림 8 나무의 예로 살펴본 초목 속의 물 경로

에너지 확보 및 증발에 활용된다. 종합해 보면, 뿌리와 잎은 땅속 깊은 곳의 물을 대기와 연결하는 효과적인 다리 구실을 한다.

식물은 생존을 위해 생산적인 녹색 물 흐름을 전략적으로 통제하기 때문에, 자연 속의 무생물들, 곧 비 온 뒤의 물웅덩이, 땅바닥, 젖은 잎, 젖은 뿌리, 호수, 강 등에서 통제되지 않은 채 순수하게 물리적으로 증발이 이뤄지는 흐름과는 근본적으로 다르다. 이들 녹색 물 흐름은 '비생산적'이다. 이런 물 흐름은 근본적으로 젖은 표면이나 토양의 최상층에서만 일어난다는 특징이 있다. 이 흐름은 지구의 넓은 지역에서 물을 모아 잎으로 이동시키는 뿌리 및 수송 시스템을 갖추고 있지 못하며, 태양이 있는 한 계속된다. 이는 토양 최상층의 가열에 의존하며, 이 층의 물만 증발시킬 수 있다. 진화 과정에서 뿌리와 잎 시스템을 발전시켜 온 식물은 무생물의 표면과 비교해 결정적인 이점을 지니고 있다. 토양의 깊은 층으로부터 물을 공급받을 수 있는 것이 그것이다. 뿌리, 수송, 증발 시스템은 최적화돼 있어 생산적인 녹색 물 흐름은 식물이 없는 같은 크기의 지역에 비해 3배 규모에 이른다.(Gorshkov, 2000) 이 사실은 지구 시스템에서 중요한 역할을 한다. 강수량이 같다고 할 때, 지표면에서의 물 증발은 초목 덕분에 3배가 되고 그만큼 강과 지하수의 흐름이 줄어든다. 그래서 초목은 지구의 물순환을 결정적으로 바꿔왔다.

녹색 물 흐름은 삼림이나 목장, 물을 사용하는 농업(직접적으로 강수에서 물을 확보하는 농업) 등의 물 소비를 포함한다. 반면 푸른 물 흐름은 개울·강·호수·지하수 등 수중 생태계 속의 흐름으로, 우리 인간이 사용할 수 있는 물을 직접적으로 제공한다. 푸른 물은 사용된 후 폐수가 돼 수중 생태계로 되돌아가므로, 사용 후에는 더러워진다. 푸른 물은 관개용으로도 사용된다. 이때 푸른 물의 일부는 녹색 물 흐름이 되며, 식물로부터 증발된다. 증발되지 않은 나머지 물은 일반적으로 영양물질과 쓸려 나간 토양 입자를 실어 날라 호수와 강에서 부영양화*의 원인이 된다.

푸른 물 흐름과 녹색 물 흐름은 지구 생명 유지 시스템에서 중요한 기능을 수행하며 우리가 생존하는 데 필요하고 사회 발전에 긴요한 재화와 서비스를 제공한다. 이들은 결정적으로 식량 생산과 폐기물의 부패 및 제거에 관여한다. 이런 점에서 양쪽은 중요성에서 별 차이가 없다. 그런데도 물의 순환 경로를 더 깊이 생각할 때 푸른 물과 녹색 물이 의미 있게 차이가 나는 이유는 무엇일까?

푸른 물과 녹색 물은 특히 수자원의 활용이라는 점에서 결정적인 차이가 있다. 이것은 그림 9를 살펴보면 분명해진다. 이는 푸른 물이 땅 위를 움직이는 경로, 곧 지표면의 경사도에 따른 물 흐름의 방향과 밀접하게 연관돼 있다. 지표면의 비탈과 그에 따른 집수 지역이 흐름의 방향을 결정한다는 것을 뜻한다. 땅 위를 흐르는 푸른 물은 경사를 따라가며, 집수 지역의 배출구가 되는 한 지점에 모인다. 지표면의 경사는 푸른 물의 흐름에 일정한 구조를 부여하며, 푸른 물이 모든 지점에서 한 방향으로만 흐를 수 있도록 한다. 따라서 지표면의 모든 지점은 새로운 성격을 갖게 된다. 강의 하류 지역* 또는 상류 지역*이 그것인데, 푸른 물이 없으면 이런 성격도 없을 것이다.

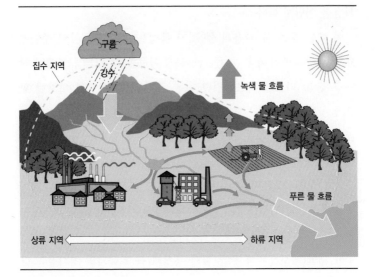

그림 9 지표면에서 물의 흐름 경로

강수로 내린 물이 지표면에서 흐르는 데는 두 가지 다른 경로가 있다. 녹색 물은 식물에 힘입어 증발
과 증산 형태로 이동하고, 푸른 물은 강과 지하수로 흐른다.(Falkenmark, 2001)

강의 상류는 물을 공급하고, 하류는 물을 받아들여 통과시킨다. 강
의 상류와 하류에 물이 있음으로써, 특정한 집수 지역에서 푸른 물
을 여러 차례 활용할 수 있다. 예를 들어 상류에서 송어가 자라는
물이 더 아래쪽에서는 발전소를 냉각시키는 데 사용될 수 있다. 그
러나 일반적으로, 그 역은 가능하지 않다. 상류에서 발전소를 냉각
시키는 데 사용된 물은 온도가 너무 높아 송어 양식용으로는 제한
될 수밖에 없다. 이 경우 상류에서의 물 사용은 하류에서의 물 재

사용을 어렵게 한다.

이 예는 푸른 물 사용의 두 가지 특성을 보여준다. 첫째, 주어진 흐름 경로에 따라 푸른 물을 다양하게 활용할 수 있는 근본적인 잠재력. 둘째, 다르게 사용하려면 다른 조건이 요구되므로 다양한 활용에서 제기될 수 있는 복잡한 문제들.

일반적으로 한 집수 지역에서 녹색 물을 다양하게 활용할 수는 없다. 수증기가 증발한 뒤에는 바람에 의해 집수 지역 바깥쪽으로 옮겨져 보통 멀리 떨어진 곳에서 강수로 내리기 때문이다. 그래서 지표면에서 녹색 물의 경우 상류 지역에만 존재하고 하류 지역에는 존재하지 않아 추가로 활용할 수가 없다.

이 책의 뒷부분에서 푸른 물의 특성과 녹색 물과의 차이점을 다시 다루게 될 것이다. 푸른 물과 녹색 물이라는 개념은, 물 균형에서 인간이 초래한 변화와 존재하는 물 사용의 한계를 면밀하게 분석하는 데 도움이 될 것이다. 이제까지 언급한 내용들은 토지 사용의 변화와, 그 변화와 연관돼 푸른 물의 흐름을 녹색 물의 흐름에 맞춰 바꾸는 것과 밀접하게 연결돼 있다. 여러 예를 통해, 토지 사용에 대한 결정이 항상 물과 관련된 결정이기도 하다는 점을 보여줄 것이다. 이는 다음 장에서 특히 분명하게 설명되는데, 거기서는 자연적인 물 균형에 사람이 어떤 영향을 끼치는지에 대한 지역적인 사례로 아랄 해와 나일 강 집수 지역을 살펴볼 것이다. 일반적으로 강의 상류 지역 사람들이 내린 결정은 또한 하류 지역 사람들에게 영향을 끼친다. 하류 지역 사람들은 또 다른 사용자로서 우려하는 목소리를

낼 수 있다. 그러나 지하수 정화와 연관된 자연 생태계도 문제가 될 수 있고, 높은 수준의 생물 다양성과 관련해 집수 지역을 더욱 안정적으로 발전시키는 데 절실하게 필요한 종 자원 문제가 제기될 수도 있다. 이 경우 실제 관련 당사자는 누구인가?

상·하류 지역 사람들의 관심사는 서로 다르며, 이는 관련된 사람들뿐 아니라 자연적 여건과 사람이 초래한 조건 사이에서 물 사용을 둘러싼 갈등이 생기는 주요한 이유가 된다.

요약

지구의 생명체는 발전 과정에서 탄소순환과 물순환이라는 두 가지 순환을 확보해 왔다. 지구에 생명체가 없을 때는 서로 별 관련이 없었던 이 두 순환은 생명체에 의해 아주 밀접하게 맺어졌다. 수십억 년에 걸쳐 이 밀접한 관계는 환경 조건을 생명 친화적인 범위 안으로 유지했고, 그 속에서 가장 강력한 온실가스인 이산화탄소와 수증기의 축적을 규제한다. 여기서 새롭고 안정적인 기후 균형이 발전했으며, 생물 다양성이 증가하면서 지구의 생명체를 더욱 안정시킬 수 있는 가능성이 커졌다. 생명체는 스스로 유지 시스템을 구축해 왔다. 그러므로 우리의 존재를 포함해 지구에 생명체가 계속 존재할지 여부는 생명 친화적인 환경 조건이 생명체가 만들어낸 균형의 범위 안에 계속 유지되는지에 달려 있다. 따라서 지나치게 부담을 줌으로써 지구 생명 유지 시스템의 기능적 효율성을 혼란시키는 것은 피해야 한다.

지구의 물순환은 물질이라는 물의 성격과 생명을 뒷받침하는 역할을 하는 물의 성격에서 유래하는 독특한 특성을 갖고 있다.

1. 강수는 푸른 물과 녹색 물의 흐름으로 나뉜다. 이 구분은 초목이나 토양이 바뀌면 달라진다.

2. 물은 재생 불가능한 자원이 아니며, 순환에 참여한다. 엄격하게 말하면 이것이 아주 정확하지는 않다. 화석화한 지하수가 존재하기 때문이다. 천연가스나 매장 석유처럼 화석화한 지하수는 손이 닿기 어려운 지질학 층에서 수백만 년 동안 존재해 왔으며, 물순환에서 지속적으로 갱신되지는 않는다. 비록 지금 채취된다고 하더라도 이 물은 천연자원으로서 물 이용 논의라는 맥락에서는 자리를 차지할 수가 없다. 재생할 수가 없어서 원칙적으로 지속가능하게 사용할 수 없기 때문이다.

3. 그래서 이 책에서 다루는 물은 계속 움직이고 있으며, 대기에서, 지표면에서, 토양을 통해, 지하수와 강과 호수에서, 지구 시스템의 모든 부분을 통해 흘러간다. 경사도는 상·하류 지역이 분명히 구분되는 관계를 만들어낸다.

4. 물은 자신이 용해할 수 있는 모든 것을 흡수해서 지구 시스템을 통해 이동하는 길에 동반한다.

인류의 역사는 강·호수·샘 등 푸른 물의 흐름을 통제하는 것과 아주 밀접하게 연관돼 있다. 중국·인도·메소포타미아 등에서 고대 문명이 시작되면서, 푸른 물 흐름은 대대손손 관개, 산업화, 폐기물 수송, 에너지 생산 등에 활용돼 왔다. 반면 식물을 통한 녹색 물 흐름은 식물 생산과, 지구의 생명 유지 시스템이 만들어내는 대규모의 재화와 서비스에 결정적으로 기여해 왔다. 생물권뿐 아니라 사람이 만든 환경에서, 물순환은 물 흐름의 주요한 기능을 통해 인간 사회와 자연을 연결한다.

3 물은 어떻게 사용되는가: 지역 사례

이 장에서는 한 지역에서 수자원에 영향을 주는 것이 무엇이며 어떤 문제가 그 지역의 물 부족을 야기하는지를 보여주는 두 가지 물 사용 사례를 소개한다. 아랄 해와 나일 강을 다룰 것이다. 두 지역 모두에서 자연적인 물순환 과정에 심대한 인위적 개입이 이뤄졌다. 이런 개입은 경솔하게 이뤄진 것이 아니라 오랜 시간의 계획과 수많은 조사를 거쳐 수행됐다. 회의론자들이 사업 수행 전에 예견했던 많은 결과가 발생했다. 논의의 목적은 이들 사례를 활용해, 최근 관련 사안에 대해 다시 생각하게 된 과정을 보여주는 데 있다.

아랄 해

아랄 해의 사례는 중앙 계획적인 대규모 수리공학 사업이 야기하는 문제점을 보여준다. 이런 사업들은 이중적인 성격을 띠고 있다.

한편으로는 필요한 추가 자원을 제공하거나(식량 확보를 위한 물, 재생 가능 에너지) 기존의 구조물과 사람들을 보호한다.(홍수 방지) 다른 한편으로는 환경과 사회에 부정적인 충격을 준다. 이런 대규모 사업의 영향은 국부적이거나 지역적이기만 한 경우는 드물고 심지어 국제적 양상을 띨 수도 있다.

아랄 해는 배출구가 없는 이른바 종착 호수로, 바다로 흘러가지 않는다. 이런 호수들은 모든 유입물이 축적되기 때문에 생태학적으로 매우 불안정하다. 유입된 물은 증발하고, 운반된 오염물은 밑에 남는다. 이론상으로는 수십억 년에 걸친 증발로 염분이 축적돼 온 바다에서와 똑같은 과정이 진행된다. 하지만 바다와는 달리, 호수들은 매우 작으며 따라서 수용 능력도 훨씬 떨어진다. 아랄 해는 세계적으로 가장 큰 종착 호수 가운데 하나다. 남쪽의 파미르 고원과 텐산 산맥에서 물이 흘러든다. 그림 10은 아랄 해의 유역을 보여준다.

1918년 옛 소련은 사막에 물을 대기 위해, 아랄 해로 흐르던 남쪽의 아무다리야 강과 북동쪽 시르다리야 강의 흐름을 바꾸기로 결정했다. 이 프로젝트의 목적은 쌀, 곡물, 멜론, 특히 면화를 재배하기 위한 것이었다. 5개년 계획으로 구성된 이 프로젝트는 대규모로 면화('백색의 금')를 재배해 국제시장의 주요 공급자가 되기 위한 것으로, 소련은 여기서 성공을 거뒀다. 소련이 붕괴한 뒤에는 우즈베키스탄이 세계 최대 면화 생산국의 하나가 됐다.

면화 경작지를 위한 대규모 관개수로의 건설은 1930년대에 시작됐다. 많은 관개수로가 조악하게 만들어져 누수와 개방형 구조물

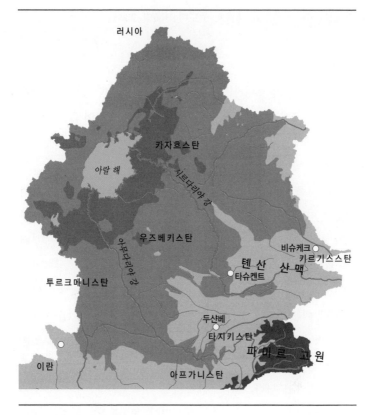

그림 10 아랄 해의 유역(UNEP, 2005)

탓에 수량 손실이 컸으며 증발까지 더해져 수량 손실이 더욱더 커졌다. 중앙아시아에서 가장 큰 카라쿰 수로는 유량이 이전보다 30~70퍼센트가량 줄었다. 현재 우즈베키스탄의 관개수로 가운데 누수

가 없는 것은 겨우 12퍼센트 정도다.(UNEP, 2005)

바다가 사라지다

1960년 공사가 끝나자 이전에 아랄 해로 유입되던 20~50세제곱킬로미터 규모의 엄청난 물이 들판으로 방향을 바꾸어 그곳에서 녹색 물로 증발됐다. 아랄 해는 막대한 유입량의 손실로 1960년대부터 수위가 낮아지기 시작했다.

그림 11은 1960년 무렵 강물의 유입 방향을 돌린 결과 유입량의 감소가 아랄 해의 수량에 직접적인 영향을 끼쳤음을 보여준다. 관개가 점점 늘어나면서 다음 단계의 개발이 이뤄졌다. 1961년부터 1970년까지 아랄 해의 수위는 해마다 20센티미터 정도 낮아졌고 1970년대에는 50~60센티미터, 지금은 80~90센티미터씩 낮아지고 있다. 이는 관개에 이용되는 물이 끊임없이 증가하고 있음을 보여준다. 1960년에서 1980년 사이 유입량 감소분은 2배가 됐고 면화 생산량도 갑절로 늘었다. 물 소비량과 농업 생산의 밀접한 관계가 다시 한 번 나타난다.

물 유입량의 감소로 호수 면적이 급격히 줄어들었는데, 이는 여러 시기를 비교한 그림 12에서 잘 알 수 있다.

호수 면적이 점점 줄어든다는 것은 소련에게 놀라운 사실이 아니었다. 이는 사실상 일찍이 예견됐다. 소련의 환경 계획자들 가운데 적어도 일부는, 종착 호수로서 아랄 해는 '자연의 실수' 가운데 하나라고 여기고 있었다. 1968년 이미 한 치수 공학자가 "아랄 해의 증

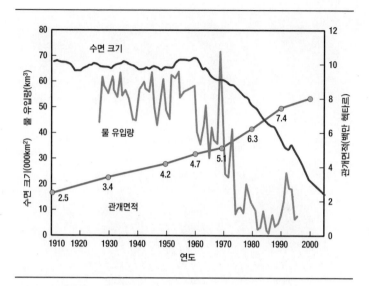

그림 11 1910년부터 2007년까지 아랄 해의 수면 크기와 물 유입량, 관개면적의 변화
(Geographie, 2007)

발은 불가항력임이 분명하다”고 말한 바 있었다.

그동안 호수 면적은 거의 60퍼센트, 수량은 80퍼센트 가까이 줄어들었다. 1960년대의 아랄 해는 면적 6만 6,453제곱킬로미터로 세계에서 네 번째로 큰 호수였으나, 지금은 고작 1만 7,000제곱킬로미터밖에 되지 않는 세계 8위의 호수다.

호수에 유입되는 수량이 감소함에 따라 수변 인구도 줄어들었다. 호수 면적이 줄어듦에 따라 한편으로는 물과의 거리가 늘어났다. 아랄 해가 증발하면서 물속의 염분, 비료, 농약 성분이 증가했다. 이

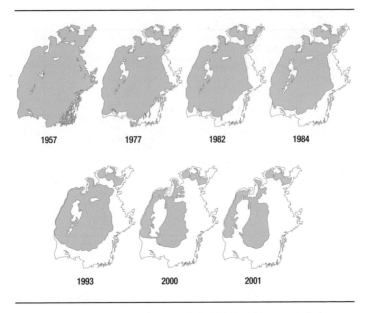

그림 12 1957년부터 2001년까지 아랄 해의 면적 변화(파란색 부분)(UNEP, 2002)

런 물질들은 강 중상류의 관개 농토에서 씻겨 내려온 것이다. 지난 40년 동안 호수의 염도는 리터당 10그램에서 45그램으로 높아졌다.

호수가 점차 줄어들면서 1987년에는 남아랄과 그보다 작은 북아랄로 호수가 나누어졌다. 남북의 직접적인 물 이동이 끊기는 최악의 결과를 막기 위해 소련 정부는 두 호수를 잇는 수로를 만들었다. 하지만 이런 인공적인 연결은 수명이 그리 길지 않았다. 두 호수의 수위가 점차 낮아지면서 1999년 이 수로는 폐기 처분됐다. 2003년쯤 수위는 더욱 낮아져 남아랄 해 자체가 다시 둘로 나누어졌는데, 이

미 2001년부터 그 조짐이 나타났다.(그림 12)

최근에 파미르 고원과 톈산 산맥에서 호수로 물을 대주는 지하수맥이 발견됐는데, 면밀하게 조사한 결과 유입되는 물의 양이 호수의 증발로 인한 손실을 보전하기에는 부족했다.

큰 수술처럼, 부정적인 영향을 줄이고 없애기 위해 더 많은 기술적인 조처가 행해졌다. 엄청난 개발 자금이 시르다리야 강에 있는 수로의 누수를 막기 위해 사용됐다. 나아가 2003년에는 카자흐스탄 의회에서 아랄 해의 북쪽과 남쪽을 분리하는 댐을 건설하기로 결정했다. 이는 카자흐스탄에 있는 아랄 해 북쪽의 물이 우즈베키스탄 영토인 남쪽으로 흘러가는 것을 막기 위한 것이었다. 호수 북쪽의 면적이 남쪽에 비해 작기 때문에 이 물이 카자흐스탄 쪽 호수의 회복을 위해서는 요긴하지만 남쪽에 끼치는 영향은 미미할 터였다. 2005년 8월에 댐이 가동됐다. 그 뒤 호수 북쪽의 수위가 30미터에서 38미터로 높아졌다. 전문가들은 수위가 42미터까지 높아지면 미래가 있다고 보고 있다. 호수 면적이 가장 작았을 때 항구 도시 아랄스크는 호수에서 100킬로미터 정도 떨어져 있었지만 지금은 물이 유입돼 25킬로미터밖에 떨어져 있지 않다.

남아랄 해의 운명은 훨씬 안 좋다. 더 가난한 우즈베키스탄에 속해 있기 때문이다. 오늘날까지 호수는 상당 부분 방치돼 왔는데 훼손 규모가 북아랄 해보다 훨씬 심각하다. 호수 면적이 줄어들고 건조해지면서 광대한 염전이 만들어졌고 초목이 자랄 수 없게 됐다. 가을과 겨울에는 강풍으로 인해 소금기와 농약 성분이 널리 퍼진다.

초목을 자라게 해 증발을 통한 수증기를 만들어내고 그럼으로써 지역 강수량에 긍정적 영향을 주고 바람의 작용을 줄이려는 어떤 대규모의 시도도 이제까지 성공한 적이 없다.

전체적으로 볼 때 남아랄 해는 예상보다 빠르게 사라지고 있다. 호수에서 가장 깊은 곳의 물은 높은 염도로 매우 무거워져 호수 내다른 물이나 새로 유입되는 물과 더는 섞이지 못하고 있다. 이는 애초 생각하지 못한 치명적인 결과를 낳았다. 담수가 염수 위에 부유하면 햇볕은 양쪽이 섞여 있을 때보다 더 빨리 물을 덥힌다. 그래서 증발량이 늘고 호수의 소실이 가속화한다. 이런 결과를 고려한 최근 연구는 남아랄 해가 10년 안에 완전히 사라질 것으로 내다보고 있다.

면화와 건강을 맞바꾸다

아랄 해가 줄어드는 과정에서 이전 호수의 온전한 생태계와 유량은 거의 완전하게 파괴됐는데, 주로 염류 축적(소금기가 땅에 축적되는 현상) 때문이었다. 물이 줄어들면서 염분과 고농도 유해 화학물질로 인해 대부분의 지역이 죽음의 지대로 남겨졌다. 그동안 염분과 화학물질은 바람을 타고 멀리까지 폭넓게 퍼졌다. 그래서 아랄 해 주변은 심하게 오염됐다. 호수 가까이에 사는 주민들은 심각한 건강 문제를 안고 있다.

주민의 건강에 영향을 끼치는 가장 중요한 요소는 식수 속의 고농도 염분이다. 염분 그 자체만으로는 그다지 유해하지 않다. 하지만 면화 수확량을 증대시키기 위해 많은 양의 화학비료, 살충제, 고엽제를 사용했고, 이것이 고도로 농축된 상태로 지하수로 흘러들어갔다. 주민의 몸 안에는 DDT, 메틸 메르카프토포스, 오스타메틸, 듀티포스, 밀벡스, 헥사클로레인, 레나실, 로니트 등 아주 많은 농약 물질이 고농도로 축적돼 있다. 이런 유해 성분은 식수와 먹이사슬을 통해 흡수된다. 중금속과 살충제가 어류의 체내에 축적된다. 먹이사슬의 한 부분으로 몸에 들어간 고농도의 납, 카드뮴, 마그네슘이 특히 어린이들에게서 발견됐는데, 이는 선천적 결손증과 다른 신체 기능의 이상을 일으킨다. 암 환자의 수도 놀랄 만큼 증가했다. 호수 주변 카자흐스탄 키질오르다 주의 한 중간급 도시에서는 한 해에 평균 800명의 주민이 암에 걸렸음이 밝혀졌다. 그들은 무엇보다도 식도암과 위암으로 고통을 받는다. 연구 결과 식수의 염분 농도와 식도암 발병 사이에 유의미한 상관관계가 있음이 입증됐다.

그림 13에서 보는 바와 같이, 높은 유아사망률의 주된 원인은 식수의 형편없는 수질에 있다. 독일에서는 유아사망률이 출생아 1,000명당 스무 명을 밑돈다. 조사된 카자흐스탄의 두 도시를 기준으로 볼 때 유아사망률과 식수 수질 간에 밀접한 관계가 있음이 명백하다.

아랄 해 주요 집수 지역의 위생 상태와 유아사망률은 조사된 두 도시와 비슷하다. 이런 놀라운 양상의 주요 원인은 식수를 부적절하게 처리하는 데 있다. 아랄 해 지역에는 앞에서 언급한 가혹한 환경의 영향과 더불어 비슷한 문제를 가진 다른 지역과 달리 특별한 또

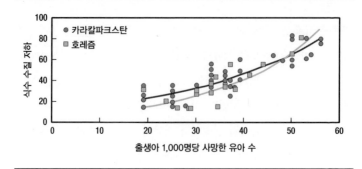

그림 13 아랄 해 지역 두 도시에서 오염된 식수에 따른 유아사망률 증가

출생아 1,000명당 사망한 유아 수는 가로축, 법정 기준과 비교된 식수 수질 저하는 세로축이다.(측정된 최고의 수질 차이가 100이다. UNEP, 2005)

다른 요인이 있다. 주민의 기본적인 요구를 채워줄 행정기관의 기능이 완전히 붕괴됐다는 것이다. 공식 집계(UNEP, 2005)를 보면, 식수의 8퍼센트가 전혀 처리되지 않고 60퍼센트 이상이 소독되지 않는다. 주민의 6분의 1 이상이 공공 수도 시설을 사용하지 못하고 있다. 게다가 수도관이 매우 낙후해, 대부분의 주민들이 항상은 아니지만 자주 다른 선택의 여지가 없어서 저수지의 표층수나 관개수로의 물을 식수로 사용한다.(Vashneva & Peredkov, 2001) 끔찍한 결과가 불가피하다. 소화기 계통의 심각한 질병이 그것이다.

여기서는 단지 기본적인 것만 필요한 만큼 언급했지만 아랄 해의 비극은 지난 40년간 인간이 초래한 최악의 물 재앙이라고 말해도 과장이 아니다. 이는 단순한 물 재앙이 아니라 인류의 재앙이다.

1920년대 프로젝트의 입안자들이 악의를 가지고 이를 의도했다고 볼 수는 없다. 돌이켜보건대, 아랄 해로 흘러드는 어마어마한 푸른 물을 가져와 녹색 물로 바꾼다는 그들의 생각이 불가피한 일련의 사건을 만들어냈다. 그동안 면화의 대량 생산과 생태계 파괴가 대립했다. 하지만 가장 두려운 것은 생태계 파괴가 인류의 황폐와 파멸로 이어진다는 점이다. 악순환의 과정이 여기서 시작돼 마지막에는 필연적으로 인간이 살 수 없는 지역을 만들었다. 그 지역 주민들은 어떤 결과를 낳든 자신들의 생존을 돕고 있는 환경을 착취하지 않을 수 없었다. 살기 위해 그들은 가장 값싼 비료와 농약을 쓰지 않을 수 없었고 지속가능성의 원칙은 갈수록 무시됐다. 이런 잘못된 행태는 환경을 악화시키고 더 많은 잘못으로 이어진다. 쉽게 헤어날 수 없는 불행이 시작된다.

사람들이 악의적으로 이런 일을 하지는 않는다. 불행의 시작은 대개 무지가 아니라 궁핍 때문이다.

나일 강

나일 강은 지구상에서 가장 큰 강 가운데 하나다. 유역 면적은 325만 4,555제곱킬로미터다. 아프리카 면적의 약 10퍼센트를 차지하고 독일 면적의 10배에 이른다. 나일 강 유역은 도시와 마을이 1퍼센트, 숲 2퍼센트, 습지 3퍼센트, 개방된 수역 3퍼센트, 관목 지대 4퍼센트, 관개 지역 5퍼센트, 관개가 안 된 농경지 10퍼센트, 사

막 30퍼센트, 사바나 초원 42퍼센트로 이루어져 있다.

지금은 2억 5000만 명이 넘는 사람들이 여기에서 살고 있다. 연간 인구 증가율은 2~3퍼센트로, 방글라데시와 더불어 세계에서 인구 증가율이 가장 높은 지역에 속한다. 인구 증가가 둔화하는 징후가 보인다 하더라도, 인구통계 법칙에 따라 추론해 보면 2025년에는 4억 명을 넘을 것이며, 2030년쯤에는 유럽연합의 인구와 비슷해지고 2060년쯤에는 대략 10억 명이 될 것이다.

위성사진을 통해 나일 강 유역은 거의 다 볼 수 있다. 나일 강은 남쪽의 빅토리아 호에서 시작해 왼쪽으로 크게 꺾이기 직전 정확하게 사진의 중간 부분에서 백나일 강과 청나일 강이 합류하며, 이어 북쪽으로 아스완댐, 나일 계곡, 지중해 쪽 강어귀인 삼각주를 지난다. 사진은 강 유역의 수자원이 현재 어떻게 사용되고 있는지 많은 것을 보여준다. 중요한 점으로, 남쪽의 어두운 부분과 북쪽의 밝은 부분으로 나누어지는 두 지역을 볼 수 있다. 검게 보이는 나일 강이 띠처럼 북쪽의 밝은 부분으로 흘러가고 있다. 남수단 지역이 밝고 어두운 부분으로 나누어지는 것은 우연이 아니다. 실제로 남쪽에서는 초목이 영향을 주고 있다. 식물은 광합성과 증산작용을 할 때 빛이 필요하다. 광합성을 하는 동안, 식물은 수증기를 내뿜고 빛을 흡수한다. 곧 빛의 양을 감소시키기 때문에 위성 카메라에 영향을 끼쳐 영상이 어둡게 나오는 것이다. 사진의 북쪽은 사하라 사막을 담고 있다. 여러 암반 지역이 다양한 형태의 음영을 만들어내고 있지만, 나일 계곡과 홍해 사이의 어두운 암반 지역도 남부 흑나일 계곡의 초목 지역이나 아스완댐의 물처럼 빛을 많이 흡수하지는 않으며, 이는 사진에서 쉽게 구별할 수 있다.

10개 나라가 나일 강의 물을 공유한다. 그 가운데 남부의 에리트레아, 탄자니아, 우간다, 부룬디, 르완다, 콩고, 케냐는 물이 풍부하다. 북부에는 이집트, 수단, 에티오피아의 일부가 있다. 북부의 나라들은 극심한 물 부족을 겪는데, 이들은 남부의 나라들로부터 물을 받아서 살고 있다. 나일 강은 무성한 열대식물과 함께 물이 풍부한 남부 지역과, 강수에서 물을 거의 취하지 못해 물이 부족한 북부 지역을 연결한다.

백나일과 청나일은 수단에서 합류한다. 백나일은 적도에 있는 아프리카 고원에서 발원하고, 청나일은 에티오피아 고원에서 시작한다. 두 강의 지류는 고도 2,400미터의 아프리카 열곡에서 각각 낮은 지대로 흐르는데, 경사도가 급격히 줄어들면서 평원이 형성돼 있다.

일반적으로 나일 강의 발원지는 우간다의 빅토리아 호로 간주된다. 그러나 이는 빅토리아 호로 흘러드는 강들을 무시한다면 맞는 말이다. 이 강들을 고려하면 집수 지역은 르완다, 탄자니아 등 다른 여러 나라를 포함한다. 빅토리아 호의 물은 우간다에 있는 리폰 폭포를 통해 나일 강으로 흐른다. 500킬로미터를 흘러간 뒤 키오가 호 (사진에서 빅토리아 호 북쪽에 망상으로 검게 나타나 있는 지역)를 가로지른 다음, 앨버트 호(사진에서 키오가 호의 서쪽 검은 지역)를 지난다. 앨버트 호에서 발원하는 나일 강을 앨버트나일이라고 부른다. 그리고 수단에 있는 나일 늪지(앨버트 호 북쪽의 검은 부분으로, 부채꼴 모양의 선상지)를 흐른다. 늪지대를 지난 뒤 지류인 소바트 강과 합류하면서 백나일이 된다. 백나일은 소바트 강의 비교적 급한 경사로 인해 하얀 찰흙이 물에 섞여 있기 때문에 붙여진 이름이다. 중간 규모의 강인 백나일은 여기서부터 수단의 수도 하르툼까지 다소 잔잔하게 흘러, 사진 가운데에 있는 청나일과 합류한다.

청나일은 흑나일이라고도 불리는데, 에티오피아 고원에 있는 타나 호가 발원지다. 하르툼까지 1,400킬로미터를 흐른다. 두 강의 합류와 관련해 청나일이 우위에 있는 것으로 여겨지기도 하는데, 물의 90퍼센트, 퇴적물의 96퍼센트를 청나일이 하르툼까지 가져오기 때문이다. 어쨌든 이 두 강은 지형 면에서도, 기후 면에서도 매우 비슷한 지역에서 출발하지만 그 양태는 매우 다르다.

나일 강의 두 줄기에서 근본적으로 다른 점은 무엇일까?

둘 다 우기와 건기가 특징인 지역에서 발원한다. 우기에는 태양이 바로 위에 떠 있다. 태양이 지표면을 데우고 덥혀진 공기가 상승한다. 그러면 주변의 습한 공기가 그 지역을 채우고 강풍과 호우를 불러온다. 태양이 남쪽으로 이동하면 건기가 오고 강은 비축된 물로 유지된다. 여기서 백나일과 청나일의 근본적인 차이가 시작된다. 앨버트나일은 고원을 출발하기 전에 여러 호수를 연쇄적으로 통과한다. 앨버트나일은 굴곡이 심한 건기와 우기의 강수량에 영향을 받지 않고 한결같이 꾸준히 앨버트 호를 출발한다. 여기서 백나일에 방출되는 수량은 초당 600~1,200세제곱킬로미터이다. 이후 남수단에 있는 광활한 나일 늪지로 흘러든다. 증발과 식물의 증산작용으로 여기서 물의 절반가량이 소모된다. 나일 늪지 역시 백나일의 수량을 일정하게 유지하는 데 기여한다. 늪지를 떠난 백나일의 수량은 일년 내내 거의 변화가 없다.

하르툼까지 오는 청나일에 대해서는 간단하게 말할 수 있다. 1,400킬로미터의 여정에 호수도 늪지도 없다. 백나일과 근본적으로 차이가 나는 것은 이 때문이다. 첫째, 청나일에서는 물이 저장되지 않기 때문에 방출량이 강수량에 직접적인 영향을 받아 건기와 우기의 주기가 생긴다. 둘째, 청나일에서는 녹색 물로 바뀌어 쓰이거나 증발되는 물이 미미하거나 거의 없다. 그래서 청나일이 백나일보다 더 많은 물을 가져오고, 열대지방의 여름 우기에 나일 강의 홍수가 발생한다. 청나일은 우기에 나일 강 총 수량의 70~90퍼센트를 차지하고, 건기에는 20퍼센트 이하로 줄어든다.

앨버트나일에 있는 호수들과 수단 남부의 늪지대가 없다고 가정하고 간단한 사고 실험을 해보면, 강 하류의 생물들에게 이들이 얼

지중해

알렉산드리아 포트사이드   예루살렘

이스라엘   집수 지역

기자 수에즈
엘 파이윰 카이로 시나이

아수이트댐
아수이트 나일

이집트 룩소르
아스완댐
아스완하이댐 아스완
서부 사막 나세르 호

아브리 누비아
사막

동골라 나일

아트바라

수단 하르툼
자발알아울라댐 하슘알키르댐 에리트레아

시나르댐 청나일
엘오베이드 백나일
로사리요 댐 타나 호

벤티우 말라칼
와우 남부 습지대
에티오피아

굴루
우간다
부니아 쿄가 호 케냐
오언폴스댐

빅토리아 호
콩고 르완다

0 100 200 300km 부룬디
탄자니아

마나 중요한지 알 수 있다. 이들의 저수가 없다면 백나일은 청나일과 비슷한 양상을 보일 것이다. 이것은 건기에 나일 강이 정상적인 수량을 유지하지 못한다는 것을 뜻한다. 건기에 나일 강은 상당히 위축된다. 이렇게 물이 줄어들면 고대 시대라 할지라도 나일 삼각주의 주민들을 지탱하지 못했을 것이다. 이들의 저수가 없었다면 고대 이집트문명의 발전은 아마도 크게 달라졌을 것이다.

나일 강의 물: 변화의 일관성

청나일에는 호수와 늪지가 없기 때문에 나일 강의 유량에 커다란 자연적 변화를 주고 있다. 건기에는 청나일에 물이 조금밖에 흐르지 않는다. 비록 에티오피아 고원 계곡에 저수지를 만들어 물을 가둔 뒤 건기에 필요한 물을 방출하고 있지만 방류량은 초당 100세제곱미터를 넘지 않는다. 우기인 8월의 방출량은 종종 초당 8,000세제곱미터를 넘긴다. 따라서 연간 유량의 변화는 유럽의 강에서는 상상할 수 없을 정도로 높은 수치인 80배가량이 된다. 청나일에서는 우기와 건기 사이 토사량의 변화도 크다. 우기에는 대량의 침식물이 에티오피아 고원에서부터 운반되는데 건기에는 운반량이 0으로 떨어진다. 강 주변에 살고 있는 사람들에게는 이런 극심한 변화에 대처하는

그림 14 나일 강 집수 지역과 댐
나일 강은 백나일과 청나일로 이뤄져 있는데 백나일은 남쪽에 있는 우간다의 아프리카 고원에서 발원해 수드(남수단 저지대의 늪지) 지역의 호수들을 통해 흐른다. 청나일은 동쪽의 에티오피아 고원에서 발원하여 하르툼 근처에서 백나일과 합류해 나일 강을 이룬다.(Nicol, 2000)

법을 익히는 게 가장 큰 과제였다. 만약 어떤 공장에서 재료 수급의 연중 변화가 이렇게 심하다면 이에 대처하기 위해 우선적으로 해야 할 일은 생산에 필요한 원자재를 비축할 대형 창고를 마련하는 일일 것이다. 그렇게 해야만 노동력이나 에너지 같은 다른 생산요소를 일 년 내내 사용할 수 있다. 이런 관점에서 그림 14에서 보는 바와 같이 여덟 개의 댐을 건설한 것은 나일 강 수자원을 최적으로 관리해야 한다는 논리에 따른 것이다.

홍수와 더불어 살기가 어려운 만큼이나, 고대 이집트에서는 나일 강의 연중 규칙적인 변화가 매우 중요했다. 수천 년 동안 지속된 고대 이집트문명을 낳은 나일 강의 안정성은 놀랄 만했다. 이는 나일 토사의 비옥함 때문인데, 이 토사는 열대 우기의 홍수가 가져다준 것이다. 곧 이 토사는 본래의 땅과 완전히 다른 것으로, 나일 계곡의 들판에 공짜로 무기질과 거름을 제공했다. 게다가 나일 강은 아마와 곡물의 이상적인 통상로였다. 교역 상대국의 존재와 교역 체제의 발전은 외교를 뒷받침했으며, 그럼으로써 이집트는 여러 나라와 관계를 맺고 경제력을 공고히 했다. 나아가 농부들은 자신들이 필요로 하는 수확량 이상을 거두어들였는데, 이는 물을 이용할 수 있고 토질이 해마다 개선됐기 때문이다. 이런 잉여 물자는 사회와 군대를 위해 사용됐다. 따라서 고대 이집트인들은 자신들의 가장 중요한 자원인 물과 퇴적물이 사라질 수 있으리라는 걱정을 전혀 하지 않았다.

나라에 그만큼 중요했기 때문에 나일 강은 항상 정치·사회·종교적으로 중심 역할을 해왔다. 신적인 존재인 파라오는 식량과 삶을 가져다주는 나일 강의 홍수를 책임졌다. 그에 대한 보답으로 농부들은 땅을 갈아 비옥하게 유지하고 추수를 끝낸 후에는 십일조를 파라오에게 바쳐야 했다. 파라오는 이를 사회적 목적과 이집트 백성들의 건강과 복지를 위해 사용할 것을 약속했다.

파라오 시대의 이집트인들이 자신들의 경작이 다른 땅에서부터 옮겨진 천연자원에 달려 있다는 사실을 알고 있었는지에 대한 기록은 남아 있지 않다. 그들은 상류에 사는 사람들에게서 생존의 위협을 받지 않았다. 수단과 에티오피아에 있는 강 상류 지역의 사람들도 이론상으로 농사를 지었을 수 있으며, 따라서 나일 강의 상당한 물이 증산작용으로 대기로 되돌아가 인구가 밀집된 나일 계곡에까지 닿지 않을 수 있었다. 특히 강 상류 지역의 사람들은 가뭄으로 종종 기근에 시달렸으므로 나일 강물과 퇴적물을 자신들이 사용할 수도 있었다. 하지만 그들은 약소국이었기에 이런 값진 자원을 두고 막강한 이집트인들과 다툴 수 없었다.

이론상으로 이것이 이제까지 진행돼 온 방식이다. 1980년대 수단과 에티오피아는 엄청난 가뭄을 겪었다. 그러나 이집트는 가뭄을 잘 이겨냈다. 이것은 나일 강물의 방출량을 통제하기 위해 이집트가 취한 기술적인 조처 덕분이었다. 이를 위해 1902년 아스완 시 부근에 댐을 지었는데 1912년과 1933년에 높이를 높였다. 조성된 호수는 그리 크지는 않으나 강물의 방출량을 조절하는 데는 충분해, 더는 건기에도 방출량이 초당 550세제곱미터를 밑돌지 않았다. 이 방출량은 우기인 8월 말에 물을 가두고 건기인 4월부터 5월까지 물을 내보냄으로써 보장됐다. 이 댐은 나일의 모든 홍수를 막기에는 너무 작았다. 그래서 6, 7월과 8월 초의 첫 홍수 때는 댐 주위로 물길을 돌렸다. 8월 말의 우기 끝물에 가서야 댐을 가득 채웠다. 따라서 특히 우기 초에는 강물이 가져다준 귀중하고 비옥한 토사가 하류에 있는 농토에까지 이르렀다. 게다가 댐에 갇힌 물은 건기에 추가로 농지의 관개에 사용돼 곡물의 생장을 도왔다. 그러나 이러한 식량 증산도 가파른 인구 증가를 감당할 수 없었다. 나일의 홍수를 전적으로 통제할 수 있는 새로운 댐이 필요했다. 1970년 아스완하이댐이 이전 댐보다 몇 킬로미터 상류에 만들어졌다. 이 댐은 강을 막아 거대한 호수를 형성했는데, 이 호수는 멀리 수단까지 닿아 있다.

아스완하이댐

아스완하이댐과 아랄 해 지역의 관개 시스템은 둘 다 20세기가 천연자원에 관한 논란을 어떻게 다뤘는지를 특징짓는 대규모의 과학기술 사업 사례다. 이런 대규모 과학기술 사업이 다수 계획·실행된 배경에는, 여러 문제에 대한 러시아, 유럽, 미국의 인식 증대와 선진 기술에 대한 순진하고 확고한 신뢰가 교차하고 있다. 당시는 최초의 우주 비행과 최초의 원자로, 최초의 장기 이식이 이뤄진 시기였다. 러시아·미국과 더불어 이집트는 인구 증가 압박에 대한 해답을 찾고 있었다. 당시 세 가지 발전이 이들에게 확신을 줬다.

1. 화학비료와 농약의 효과, 그리고 무엇보다도 그 저렴한 가격

2. 곡물 연구에서의 유망한 진전

3. 세계은행이 아시아에서 시작한 농업혁명. 화학비료와 농약을 결합해 실제로 놀랄 만한 수확량 증대를 이룸

대중을 먹여 살리고 번영을 확보하는 데 필요한 숙원 기술이 마침내 이루어졌다고 모두가 생각했다. 그동안 선조들이 성공하지 못한 '나일 다스리기'를 댐이 할 수 있다는 생각은 너무나 유혹적이어서 추진하지 않을 도리가 없었다. 마침내 이집트인들은 나일 강물의 극심한 변덕에서 벗어나기를 마음속으로 바랐다. 그렇게 되면 한 해 여러 차례 추수를 할 수도 있을 것이었다. 물론 그들은 나일 토사의 비옥함과 그것이 나일 계곡의 농업에 얼마나 중요한지 알고 있었고 예정된 댐이 토사를 거의 완전하게 막아버릴 것이라고 생각했다. 그런데 유럽과 미국, 러시아에 화학비료가 등장했고, 이것이 이집트인들에게 나일 강의 홍수가 정기적으로 운반해 주는 영양분이 없어도 될 것이라는 믿음을 가져다주었다. 그사이에 이집트에서 질소·인산·칼륨의 소비는 어마어마하게도 한 해에 헥타르당 372킬로그램으로 늘어났다.

결국 아스완 시 부근에 높이 111미터, 길이 4킬로미터의 댐이 건설됐고 나세르 호가 생겨났다. 현재 나세르 호는 가로 480킬로미터, 세로 160킬로미터 크기로, 이웃 나라 수단으로 뻗어 있다. 매우 복잡한 과정을 거쳐 아부심벨 신전 단지 전부와 9만 명이 다른 곳으로 이주해야 했다. 아스완하이댐은 세계적인 규모의 수자원 사업이

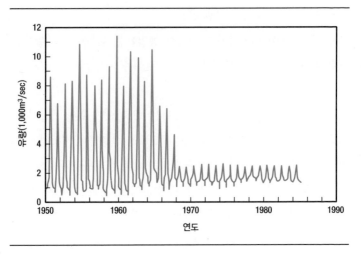

그림 15 1950년부터 1990년까지 아스완 부근 나일 강의 유량

었다. 브라질의 이타이푸댐과 중국의 싼샤댐 다음가는 규모다. 그림
15에서 보는 바와 같이 아스완하이댐은 대성공을 거두었다. 그림은
1950년부터 1990년까지 나일 강의 유량 변화를 보여준다. 변화 양
상을 보면 1965년까지는 매년 홍수 때 최고 초당 1만 1,500세제곱
미터까지 기록하고 건기에는 500세제곱미터 이내로 줄어든다.(예를
들어 1960년쯤) 그 뒤 최고치가 계속 감소하는데 저수지를 홍수 때
의 물로 채웠기 때문이다. 1968년 이후부터는 여름 홍수를 줄여 주
는 댐의 완벽한 효능을 극명하게 볼 수 있다.

　자연에 가한 이런 지대한 영향이 단지 인간이 얻는 이용 가치와 자연에 끼친 피해만으로 평가될 수 있을까?

그렇게 해서는 한계에 봉착한다. 이런 대규모 사업과 관련한 지역들은 선택의 기로에 서게 된다. 그 결과는 대체로 통렬하며, 그 사업이 인구 증가나 에너지 소비, 전력화, 산업화와 같은 다른 발전 요인에 끼친 영향도 상당하다. 이 때문에 대규모 사업의 실현 여부에 따라 그 지역이 더 발전했을 것이라고 일방적으로 말하는 것은 대단히 곤란하다. 게다가 사업의 영향을 시험해 참고할 수 있는 비교 지역이 있는 것도 아니다. 하지만 돌이켜볼 때 아스완하이댐의 긍정적인 효과와 부정적인 효과를 항목별로 명확히 할 수는 있다.

아스완하이댐은 이집트 경제에 큰 도움을 주어왔으며 수단에도 점점 더 그렇게 되고 있다. 모든 홍수를 막을 수 있으며 필요시에는 조절해 물을 제공할 수 있다. 따라서 수십만 헥타르의 농지에 관개를 할 만큼 물이 충분하다. 게다가 호수에서는 양식업이 이뤄져 단백질의 공급원이 생기기도 했다. 댐은 하류뿐 아니라 상류에서도 수상 운송 조건을 극적으로 향상시켜, 일 년 내내 대형 선박이 다닐 수 있을 만큼 수심이 깊어졌다. 또한 재생 가능 에너지로부터 어마어마한 전기를 생산하고 있다. 표 3에서 보듯이, 이집트는 이웃 나라들에 비해 적절한 번영을 구가하고 있다.

표 3의 네 번째 칸은 나일 강 유역 국가들의 1인당 국민소득을 비교한 것이다. 이집트는 다른 나라들보다 월등히 높다. 특히 에티오피아와 이집트 사이의 차이가 놀랍다. 두 나라의 인구는 각각 약 8,000만 명 정도이다. 에티오피아는 남쪽에 위치해 있어 상대적으로

국가	인구(백만)	인구 증가율 (%/연)	1인당 소득 (미국 달러)	국내총생산 (10억 달러)	국내 재생 가능 수자원 (㎥/연간 1인당)
우간다	22.0	3.0	310	6.3	1,891
탄자니아	33.7	2.0	280	9.3	2,773
수단	29.7	2.0	320	11.2	1,279
르완다	8.5	2.0	250	1.8	833
케냐	30.1	2.3	360	10.4	739
에티오피아	64.0	2.0	100	6.3	2,059
에리트레아	4.0	3.0	170	0.6	815
이집트	63.8	1.8	1,490	98.3	29
콩고	51.3	3.0			21,973
부룬디	6.8	2.0	110	0.7	579

표 3 2000년 나일 강 유역 국가들의 사회적 조건을 보여주는 주요 수치들(Nicol, 2000)

강수량이 풍부한 반면 이집트는 북쪽에 위치해 있어 상대적으로 강수량이 적다. 이것은 나일 강 유역 여러 지역에 살고 있는 사람들에게 물이 균등하게 분배되고 있지 않음을 분명하게 보여준다.

그러나 아스완하이댐 역시 문제점을 안고 있다. 무엇보다 먼저, 나일 강 홍수 지역의 비옥도가 점차적으로 떨어지고 있다는 사실을 언급해야 한다. 해마다 홍수 때 흘러오던 퇴적물이 나세르 호에 의해 차단당해 하류 쪽의 농토가 쓸모없게 되고 있기 때문이다. 오늘날 이집트는 연간 100만 톤의 화학비료를 사용하고 있는데, 이는 홍수 때 범람 지역과 삼각주에 쌓이는 4000만 톤가량의 토사를 완벽

그림 16 이집트 농업의 전통적인 관개 기술. 관개를 위해 지하수를 끌어올리는 데 물레바퀴를
사용하고 있다.(사진, W. Mauser)

하게 대체하지 못하고 있다.

그림 16은 나일 계곡의 집약농업에서 전통적인 에너지 절약 기술
이 현재까지도 이용되고 있는 모습을 인상적으로 보여준다. 그들은
수로를 통해 나일 강의 물을 농지에 공급하거나 단순한 기계를 이
용해 나일 강의 풍부한 지하수를 끌어들인다.

나일 강 유역에 있으면서 강물을 함께 사용하고 있는 나라 가운
데 경제적 우위를 차지하는 이집트를 제외한 다른 나라의 경우를

보자. 인구 증가율은 빈곤에 결정적인 요인으로 작용해 왔다. 경제 성장률이 인구 증가율을 따라가지 못하면 필연적으로 빈곤율이 증가한다. 늘어난 인구를 노동력으로 흡수하고 사회 발전을 위한 자본을 조성하기 위해서는, 3퍼센트의 인구 증가율에 발맞춰 최소한 3퍼센트의 경제성장률이 필요하다는 뜻이다. 표 3의 세 번째 칸은 나일 강 유역 국가들의 인구 증가율을 보여준다. 대부분의 국가들이 2.5~3퍼센트의 인구 증가율을 보이고 있다.

표 3의 강 상류·하류 유역 나라의 국민소득과 인구 증가율 차이를 고려해 보면 에티오피아의 수자원 개발 계획을 이집트가 주시한다는 사실은 놀라운 일이 아니다. 대규모 관개 사업을 진행하려는 에티오피아의 계획이 이집트를 불안하게 하는데, 이는 나일 강 상류의 증발과 증산작용이 늘어나 나일 강의 방류가 줄어든다는 것을 뜻하기 때문이다. 현재 에티오피아는 경제적으로 대규모 관개 사업을 실행할 여력이 없다. 농업은 변화무쌍한 연간 강수량에 거의 의존하고 있는 실정이다. 앞으로는 이것이 바뀔 수 있고 바뀌어야만 하는데, 그렇지 않으면 늘어나는 인구를 먹여 살릴 수 없을 것이다.

반면 표 3의 여섯 번째 칸에서 명확하게 볼 수 있듯이, 이집트에 비해 다른 나라들은 재생 가능 수자원(수천 년 된 깊은 곳의 지하수는 제외)의 이용 가능성과 양이 아주 희망적이다. 이 부분에서 이집트는 연간 1인당 수량이 29세제곱미터로 나일 강 유역 국가 중 단연 최저다. 에티오피아는 연간 1인당 유효한 재생 가능 수자원이 2,059세제곱미터로 훨씬 많다. 따라서 에티오피아는 독자적이고 지속가능한 수자원 운영을 발전시킬 잠재력이 큰 것으로 볼 수 있다. 하지만 나일 강 상류에서 식량을 확보하기 위해 선택할 개발은 거의 모두 이집트의 이용 가능한 수자원에 부정적인 영향을 끼칠 것이다. 이는 나일 강 유역 나라들 사이에 여러 해 동안 쌓여 있던 잠재적 갈등을 나타낸다. 천연자원을 둘러싼 강 상류와 하류의 전형적인 갈등이다. 이 갈등은 앞으로 격렬해질 것이다. 관개 지역이 크게 늘어나 농업 생산량이 늘어났지만 천연자원은 한계에 도달하고 있다. 이집트는 아스완하이댐을 건설함으로써 얻은 물을 기반으로 집약 농업(삼모작)이 가능한 기술적인 필요조건을 이뤄냈다. 하지만 현재 이집트의 이용 가능한 총 수량은 인구에 따른 필요 식량을 생산하는 데 충분하지 않다. 두 가지 요소가 농업 증진을 계속하는 데 제한을 가하고 있다. 첫째, 이집트는 이미 이용 가능한 수자원의 98퍼센트를 사용했다. 둘째, 이집트는 더는 나일 삼각주나 나일 계곡에서 경작지를 손쉽게 넓힐 수 없게 됐다.

수수를 포함해 곡물은 이집트의 가장 중요한 농작물이다. 2002년에는 약 100만 헥타르의 곡물 경작지가 관개 시설의 혜택을 봤다. 이를 위해 5.3세제곱킬로미터의 물이 사용됐는데, 이는 이집트에서 관개에 사용할 수 있는 총 수량의 거의 10퍼센트에 이른다.(Mason, 2004) 하지만 곡물 생산량은 자급자족하기에 충분하지 않았다. 그러기 위해서는 170만 헥타르의 경작지가 필요할 것이다. 자급자족은 나일 강 유역 나라들의 중요한 정치적 목표다. 경제적인 합리성에 반하더라도 자급자족을 추구하는 일이 드물지 않다. 이집트의 자급자족률, 즉 곡물 수확량과 소비량의 비율이 1982년 25퍼센트에서 2000년에는 60퍼센트로 상승했는데, 이는 관개 지역이 확대됐기 때문이다. 이것은 1982년부터 1994년까지 이집트 곡물 가격이 세계 시장의 곡물 가격과 연계됨으로써 이뤄졌는데, 이는 가격 인상으로 이어졌다. 하지만 자급률이 100퍼센트까지 상승하지는 않았다. 현재 이집트는 필요한 곡물의 40퍼센트를 여전히 수입하고 있다. 곡물 자급이 달성된다 하더라도 이는 다른 작물의 희생 아래에서만 가능하다. 관개용 물이 충분하지 않기 때문이다. 따라서 이집트의 농업은 한정된 수자원으로 인해 제로섬 게임이 된다.

관련 국가들의 경제력 한계로 인해 일국적이고 일방적인 접근은 여기서 별 도움이 되지 않는다. 10개국 중 8개국이 최빈 발전도상국이거나 제4세계(발전도상국 가운데 개발이 낙후된 극빈국들의 총칭)다. 나일 강 유역 국가들이 직면하고 있는 도전은 어떤 것들인가? 다음과 같은 갈등의 사슬이 보인다.

1. 연간 2~3퍼센트씩 증가하는 인구가 한정된 물을 사용한다. 그러나 인구 증가에 발맞춰 물 사용의 효율성이 동시에 높아지고 있지는 않다. 따라서 점점 더 물이 부족해진다.

2. 강 하류에 위치한 나라들의 물을 이용한 개발로 인해 물 공급이 줄어드는 문제에 대해 강 상류에 위치한 나라들이 우려하고 있다.

3. 동시에 강 상류에 위치한 나라들은 하류에 위치한 나라들이 자신들의 개발을 방해하지 않을지 우려하고 있다.

4. 현재 물 사용 동향에 관한 대안을 찾는 데 나일 강 유역 국가들의 능력에는 사회적·경제적·정치적 한계가 있다.

5. 물 할당에 대해 모든 나일 강 유역 국가가 수용할 만한 조약이 없다. 이집트와 수단은 '관습적인 권리'와 1959년 자신들이 서명한 조약의 유효함을 주장한다. 상류에 위치한 국가들은 새로운 나일 조약을 원한다.

6. 이미 나일 강 유역 국가들 사이에, 특히 이집트와 에티오피아 사이에 외교적 긴장과 터무니없는 위협을 야기하는 단절적이고 우려스러운 주장이 있어왔다.

7. 나일 강 유역 국가 사이의 이 모든 불화로 인해 물과 관련된 국제적인 투자가 봉쇄되고 있다.

이 책 말미에서, 관련국들이 나일 강 수자원 문제를 평화적으로 힘을 모아 함께 풀어나갈 수 있는 길에 대해 얘기하면서 나일 강 유역을 다시 돌아볼 것이다.

그러나 우선적으로 나일 강 사례를 좀 더 깊이 이해하는 데 필요한 문제를 좀 더 면밀히 다루고 싶은데, 이 책의 중심 주제가 바로 그것이다.

4 물은 얼마나 많이 있는가: 새로운 관점

2장에서는 지구 생명 유지 시스템의 작동과 인류의 생존에서 물이 하는 역할을 강조했다. 이를 통해 우리는 지구가 서로 밀접하게 관계를 맺고 있는 과정들의 복잡한 시스템이라는 사실을 알 수 있었다. 지구상의 생명체는 온전한 물순환에 의존해 있고, 이에 따라 생명 유지에 필수적인 재화와 서비스가 만들어진다.

3장에서는 두 가지 사례를 통해, 인간이 현재 어느 정도까지 물순환을 통제할 수 있고 물 흐름을 바꿀 수 있는지를 보았다. 두 경우 모두 대규모로 푸른 물을 녹색 물로 바꾼 사례였다. 두 사례에서 이런 개입이 이루어진 이유는 인구가 증가함에 따라 식량과 농업 원료를 공급해야 했기 때문이다.

대규모 사업에서 분명히 드러나는 문제 때문에, 지구상의 인구가 갈수록 증가함에 따라 자연의 순환, 특히 물순환에 대한 영향과 관련한 우려가 지난 30~40년간 높아졌다. 많은 사람이 세계가 격심한 물 부족 사태에 직면해 있거나 적어도 심각한 물 문제로 고통을 받을 것이라고 생각하게 됐다. 앞에서 언급한 문제들에 관한 의견이 시간이 흐름에 따라 어떻게 바뀌고, 왜 그렇게 바뀌었나 하는 것을 이 장에서 다룰 것이다.

1970년대에는 주된 문제가 식수의 공급이었다. 지구상의 많은 사람이 안전한, 곧 이용 가능한 깨끗한 물을 얻지 못한다는 사실을 대중이 인식하게 됐는데, 이는 오늘날에도 어느 정도 마찬가지다. 많은 지역에서 식수가 병균 감염의 진원지였고 지금도 그렇다. 그래서 식수 문제는 지역 발전을 저해하는 건강 문제에서 다른 무엇보다도 우선 고려 대상이 됐다. 1977년 아르헨티나의 마르델플라타에서 열린 첫 유엔 '물 회의'가 처음으로 이 문제를 거론했고, 이는 1981년부터 1990년까지 이어진 첫 번째 '국제 깨끗한 식수 10년 계획'International Decade for Clean Drinking Water의 기초를 이뤘다. 목적은 이 기간 내에 세계 어디서나 깨끗한 마실 물을 공급할 수 있도록 하고 모든 사람의 건강과 위생 상태를 상당 부분 개선하는 것이었다. 이런 목적은 알다시피 단지 부분적으로 달성됐을 뿐이다. 시행된 계획들이 완전히 무용지물이었다고까지 흔히 얘기된다. 계획이 적극적이지 않아서가 아니었다. 재정적으로도 풍요로웠다. 그것은 명백한 폐해를 근절하기 위해 각국이 함께 평화적으로 전문가들을 파견해 국제 연대를 활용하기로 약속한 첫 프로그램이었다. 이런 비전은 그 시대의 헌신적이고 역량 있는 전문가들을 고무하고 추동했으며, 오늘날에는 질병을 근절하기 위해 애쓰는 유전학 분야에서 비슷한 일이 일어나고 있다.

부분적 성공밖에 거두지 못한 이유는 무엇일까? 엉뚱한 곳에서 해답을 찾았던 것일까? 문제를 너무 협소하게 본 것일까? 또는 인간과 물의 관계에 대한 우리 지식에 한계가 있었던 것일까?

그동안 세계는 지식을 넓혀왔다. 우선, 그 계획들은 오로지 식수와 위생에 관련된 기술적 문제를 해결하기 위해서만 입안됐다. 이 문제를 해결하는 데 기술이 전제 조건이기는 하지만 효과를 보기 위해서는 적절한 사회적 환경이 요구된다는 것을 곧 알게 됐다. 기술이 효과적으로 작동하기 위해서는 일상적으로 적용되고 유지돼야만 한다. 사용되고 유지되려면 사회 기반 시설에 대한 지식과 자금이 필요하다. 빈곤 지역에는 이런 요건이 갖춰져 있지 않았다(지금도 그렇다). 게다가 실제 문제를 일으키는 것은 식수의 수원이라는 사실을 뒤늦게 인식하게 됐다. 수원의 오염이 심해지고, 지나친 방목과 집약 농업, 인구 증가로 생태계가 훼손돼 더는 깨끗한 물을 충분히 확보할 수 없었다. 따라서 관련된 사람들의 빈곤을 고려한다면 기술적인 해결책은 실패였다.

그 결과 국제 계획은 사람들이 물을 얼마나 많이 사용하는지를 놓고, 여러 나라에 본거지를 두고 지역적·세계적 수준에서 조사를 하기 시작했다. 목적은 얼마나 많은 푸른 물이 이미 사용되고 있으며, 어느 정도의 물이 아직 남아 있는지를 알아내는 것이었다. 그래서 사람들이 전체적으로 많은 물을 사용했으며, 이는 세계적인 인구증가와 직접적이고도 긴밀하게 연계돼 있음을 알아냈다. 이는 애초에는 인식하지 못했던 것이다. 그러나 대체로 이들 조사는 결정적인 결함을 안고 있었는데, 물을 다양하게 이용할 수 있다는 점을 고려하지 않은 것이다.

물과 지속가능한 발전에 관한 더블린 선언

1992년 브라질 리우데자네이루에서 열린 유엔환경발전회의('지구정상회의' 또는 '리우회의')에서는 물 사용에 관한 더블린 선언(103쪽 박스 참조)을 채택했다. 이것은 물 사용에 대한 이전의 사고방식을 근본적으로 바꾸고 새로운 시각을 열었다. 더블린 선언은 세계적으로 물 사용은 인간과 자연을 포함해, 물과 지구 자원에 대한 통합적인 접근에 기초해야 한다는 개념을 전제로 하고 있다. 물과 위생에 관한 인간의 기본권을 언급하고, 환경을 개선하는 데 여성이 담당하는 중심적 구실을 강조하고 있다. 더블린 선언은 '지속가능한 발전'과 '물'이라는 핵심 주제를 처음으로 다뤘으며, 나아가 목표 달성을 위한 방법까지도 포괄하고 있다. 모든 이해 당사자가 함께 문제 해결뿐 아니라 결정과 실행에 포함된다는 참여적인 태도가 그것이다. 이것은 많은 국가에게 혁명적이었는데 아프리카나 중동, 라틴아메리카의 독재국가들뿐 아니라 서서히 관료화하는 유럽의 믿을 만한 민주국가들도 마찬가지였다. 이런 접근은 지금까지 복잡한 문제를 풀기 위해 해온 인식이나 일반적인 관행을 따르는 것이 아니었다.

1992년 6월 리우데자네이루의 유엔환경발전회의(UNCED)에서 채택된 더블린 선언은 전 세계 지도자급 회의 참석자들에게 회의 보고서에서 권장하는 구체적인 행동과 실행 수단에 대해 면밀히 검토하고, 이들 권장 사항을 물과 지속가능한 발전에 관한 긴급 행동 계획으로 옮기기를 촉구한다.

기본 원칙

관련 조처는 과소비, 오염, 증가하고 있는 가뭄과 홍수의 위험에 대한 현재의 동향을 역전시켜야 한다. 회의 보고서는 네 가지 기본 원칙에 입각해 지역적 · 국가적 · 세계적 수준의 조처를 권고한다.

원칙 1. 깨끗한 물은 유한하고 취약한 자원이며 생명과 발전, 환경에 필수적이다.

물은 생명체가 살아가도록 하므로, 효율적으로 수자원을 관리하기 위해서는 자연 생태 시스템을 보호하면서 사회 · 경제적인 발전을 연계한 총체적인 접근이 요구된다. 효율적인 관리는 모든 집수 지역이나 대수층에 걸친 땅과 물의 사용에 연계돼 있다.

원칙 2. 수자원의 개발과 관리는 사용자, 계획 입안자, 정치적 의사 결정자 모두의 참여로 이뤄져야 한다.

참여적 접근 방식은 정치적 의사 결정자와 일반 대중이 지닌 물의 중요성에 대한 인식 제고를 포함한다. 결정은 적절하게 가장 낮은 수준에서 이뤄져야 하며, 물 사업을 계획하고 실행하는 데에는 충분한 대중적 합의와 사용자의 관여가 필요하다.

원칙 3. 여성은 수자원의 공급 · 관리 · 보호 과정에서 중심적 구실을 한다.

물의 공급자와 사용자로서, 생활환경 보호자로서 여성의 중심적 구실은 수자원 개발과 관리에 관한 제도적인 협약에 거의 반영되지 않았다. 이 원칙이 수용되고 이행되기 위해서는 여성의 구체적인 요구를 고려한 긍정적인 정책이 요구된다. 의사 결정과 실행을 포함한 모든 차원의 수자원 프로그램에 여성이 참가할 수 있도록 준비시키고, 이들에게 자율권을 부여하는 정책이 필요하다.

원칙 4. 물은 모든 경쟁적인 사용자들에게 경제적 가치를 가지며 경제재로 인식돼야 한다.

이 원칙에 따라 모든 사람에게는 적정한 가격으로 깨끗한 물을 얻을 기본권이 있다는 사실을 인식하는 것이 가장 중요하다. 이전에는 물

의 경제적 가치를 인식하지 못했기 때문에 수자원을 낭비하고 환경
적인 손상이 야기됐다. 경제재로서 물을 관리하는 것은 효율적이고,
공평한 사용일 뿐만 아니라 수자원의 보존과 보호를 고무하는 중요한
방법이다.

더블린 선언은 우리가 살고 있는 행성의 물 상황을 개선하기 위해
기술 주도적인 첫 번째 계획이 이뤄진 이후 30년 동안 전문가들이
얼마나 멀리 돌아왔는가를 생생히 보여준다. 더블린 선언의 이 원칙
들은 1992년 리우회의에서 채택됐다. 그러나 물을 경제재로 보는 이
러한 시각은 격렬한 논쟁을 불러왔고, 이 논쟁은 지금까지도 계속되
고 있다. 많은 사람이 이 개념을, 모든 것을 경제 용어로 판단하는
신자유주의적인 사고에서 나온 것으로 여긴다. 이것은 많은 다른 문
화가 물에 대해 가지고 있던 시각과 상충된다. 물은 모든 옛 문화에
서 신성시된다. 이는 경외감을 갖고 물을 대한다는 뜻이 아니다. 이
들 문화권에서 물은 단지 사고팔 수 없다는 이유로 흔히 종교적 재
화로 다뤄졌다.

이들 문화권에서, 모든 사람에게 깨끗한 물을 공급하고 나아가 그
누구도 물을 오염시켜서는 안 된다는 것을 성직자조차도 자동적인
사회적 책임으로 여기지 않는 것은 부끄러운 일이다. 소유권자가 없
고 소유권이 바뀔 수 없으므로 물을 절약하거나 주의 깊게 사용하

도록 권고할 방법이 없다. 이는 가난한 사람에게 도움이 되지 않는다. 이런 문화권에서는 수자원의 상품화가 특히 극빈자들에게 영향을 주며, 따라서 반사회적이라고 주장한다. 이 논쟁과 그 속의 뚜렷한 불일치는 더블린 선언에 대한 세계적인 논쟁의 전형이다. 이는 물 문제가 단순한 기술적인 공급 문제에서 얼마나 멀리 왔는가를 보여 준다.

이 책 서두에서 언급했듯이 2000년 두 번째 국제 물 토론회에서 미래의 물 개발 상황에 대한 어렴풋한 예견이 있었다.(Cosgrove and Rijsberman, 2000) 그동안 기후 변화에 대한 토론이 계속되고 잦아지면서 수자원 개발 가능성을 철저하게 조사해 왔다. 그 과정에서 세계 인구와 기후 변화에 대해 더블린 선언이 요구한 통합적인 접근이 이뤄졌다. 통합적인 연구 결과는 다음과 같다. 인류는 인구의 압박으로 인한 심각한 물 부족, 전반적인 수질 저하, 기후 변화, 수자원의 지속가능하지 않은 관리 등의 문제에 직면하지 않을 수 없다.

지난 30년간 물 공급과 위생 측면에서 진전을 이뤄왔지만 아직도 10억 명의 인구가 부적합한 식수를 마시고 있으며 28억 명의 인구가 물 부족 상황에 처해 있다. 20세기 들어 30년 동안의 작업에도 불구하고 발전도상국의 수백만 명의 여성과 어린아이들이 매우 의심스러운 수원지의 처리되지 않은 물을 먹어야 하고, 그나마도 멀리 떨어져 있어 대부분의 시간을 물을 길어오는 데 써야 한다는 사실은 당혹스럽고 놀랍다.

이런 상황이 주는 좌절과 불행이 현실적으로 지구상에 물이 부족해서가 아니라 수자원을 지속가능하지 않게 관리하기 때문이라는 사실을 나중에 다시 설명하겠다.

그동안 인간이 계속해서 물을 너무 많이 사용해 왔기 때문에 생태계에 크나큰 영향을 준 것은 명확하다. 덧붙여 수자원의 지속가능한 관리는 인간과 자연을 위한 물을 함께 고려해야만 달성할 수 있다는 인식이 커지고 있다.

2장의 시스템 분석에서, 물의 두 가지 다른 기능을 설명했다. 이를 통해 이제 인간과 자연을 위한 물의 역할을 이해할 수 있다. 물은 오로지 인간의 필요만을 충족시키기 위한 자원이며, 그 유용성은 단지 적절한 기술의 문제에 달려 있다는 믿음을 더 이상 수용하지 않는다면 지구의 수자원은 어떤 새로운 평가를 받게 될까?

이런 새로운 조사가 그림 7과 같은 지구 강수 분포 지도를 바꾸지는 않는다. 이는 다른 상황을 고려할 때의 출발점이자 한계 요인이다. 그러나 새로운 조사는 새로운 질문을 던진다. 지구 생명 유지 시스템의 관점에서 수자원은 실제로 무엇일까? "인간이 수자원에 부담을 준다"고 말할 때, 이것은 실제로 어떤 의미를 나타내고 있을까? 이런 부담은 무엇을 유발할까? 물 부족과 물의 유용성에 대한 이전 생각에서, 생명 유지에 필수적인 생태계 서비스에 물이 필요하고 따라서 자연과 인간 모두에게 같은 수자원이 필요하다는 사실을 생각해 본 적이 있는가?

하지만 먼저 육지의 물순환에서 얼마나 많은 물이 관련돼 있으며, 인간이 크든 작든 그 순환에 어떻게 개입하는지 살펴봐야 한다.

물의 양

　지구에는 연간 총 11만 3,500세제곱킬로미터의 강수가 내린다. 이것은 한 변이 48킬로미터인 정육면체에 해당한다. 상상할 수 없을 만큼 많은 양의 물이다. 150리터 욕조 7500억 개를 채울 수 있는 양이다. 세계 인구가 65억 명이라면 이 물로 1인당 매일 320개 욕조를 채울 수 있다. 이것은 확실히 한 사람이 목욕뿐 아니라 그 이상으로 하루에 필요로 하는 양을 뛰어넘는다. 그러나 논의가 진행됨에 따라 이 양에 대한 균형 있는 견해를 갖게 될 것이다.

　지구상에 존재하는 어마어마한 양의 깨끗한 물인 350억 세제곱킬로미터와 비교할 때 연간 강수량은 극소량에 불과하다. 이는 전체 깨끗한 물의 3.2퍼밀에 불과하다. 해마다 평균 3.2퍼밀의 깨끗한 물이 강수로 대체되는데, 모든 물이 한차례 물갈이되려면 수학적으로 적어도 300년이 걸린다. 60퍼센트가 넘는 대부분의 깨끗한 물은 남극 지역의 빙하에 있다. 6퍼센트는 그린란드의 빙하에 있고, 30퍼센트는 지층에서 심층 지하수를 이루고 있다. 그래서 비축돼 있는 깨끗한 물의 96퍼센트는 수천수만 년 동안 손댈 수 없다.

　이것은 지구상 청정수의 고작 3퍼밀만이 우리에게 친숙한 호수·강·습지·늪·토양 등에 있다는 뜻이다. 이런 물은 빙하나 지하수와 비교할 때 매우 유동적이다. 연간 강수량과 지표면 가까이에서 이동하는 물의 양은 총량의 3퍼밀가량 된다. 이것은 사계의 순환 속에서 해마다 수자원 순환을 경험하고 있는 농부들이 확인해 주고 있다.

깨끗한 물 가운데 강수가 단지 3퍼밀을 차지하고 있지만, 이는 우리 생명의 근원이다.

강과 호수의 푸른 물과 지하수는 강수로 형성된다. 연간 총 강수량 11만 3,500세제곱킬로미터 가운데 3분의 1가량인 4만 2,650세제곱킬로미터가 바다로 흘러든다. 나머지는 지구 표면에서 증발해 대기 속으로 돌아간다. 해마다 약 7만 850세제곱킬로미터의 물이 지구 표면에서 증발해 대기 속으로 되돌아간다. 따라서 녹색 물은 푸른 물의 2배가량이 된다. 강수량의 3분의 2가 녹색 물이 되는 셈이다. 그래서 우리가 하천이나 강, 지하수의 수자원을 고려한다면 더 적은 쪽을 생각하는 것이다.

푸른 물과 녹색 물의 비율은 강수 중 식물을 성장시키는 증발의 비율을 말해 준다. 또한 수력발전과 항해를 가능케 하는 강을 충족시키는 비율을 말해 준다. 언급한 수치들은 사막을 포함해 습지나 도시 등 모든 지역의 평균값이다. 지역에 따라 강수가 푸른 물과 녹색 물로 분배되는 것은 매우 다르다. 이런 분배를 결정하는 요인은 무엇일까?

그림 17은 강수가 푸른 물과 녹색 물로 분배되는 것을 도식적으로 보여준다. 비가 오면 일부는 땅에 스며들고, 일부는 웅덩이에 고이거나 지표면을 흐른다. 이것이 첫 번째 분배다. 여기서 땅속에 스며든 물은 토양의 습기를 이뤄 식물이 사용할 수 있는 양을 결정한다. 두 번째 분배는 토양 안에서 이루어진다. 수목의 뿌리 밀도에 따라 녹색 물이 토양에서 취해지고, 수목을 통해 대기 속으로 방출되

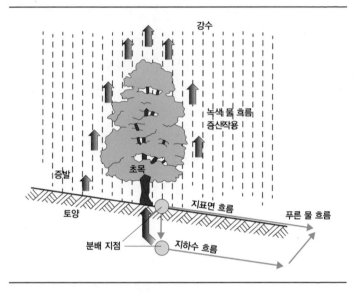

그림 17 푸른 물과 녹색 물 흐름으로 분배되는 강수

는 양이 결정된다. 식물이 사용하지 않은 물은 지하수로 스며들고
토양 속을 흐르다가 서서히 가까운 하천이나 강으로 흘러간다.

　이 두 분배 지점은 강수로 시작된 물의 흐름에서 분기점을 이룬
다. 이는 물의 흐름에서 돌이킬 수 없는 다른 길, 더 나아가 지구 시
스템 안의 두 가지 다른 길이다. 지표수와 지하수의 흐름은 함께 푸
른 물의 흐름을 이루고, 지표면의 증발과 식물의 증산작용은 녹색
물의 흐름을 형성한다.

5 물과 토지 이용

지역적으로 사람은 무엇을 하는가

물의 그다음 경로를 정하는 결정적 요인은 분기점에서 정확히 무슨 일이 벌어지는가 하는 점이다. 분기점에 장애물을 설치해 물 흐름의 방향을 바꿈으로써 영향을 끼칠 수 있을까? 첫 분기점에서는 다양한 토지 이용■, 즉 겉다짐surface compaction, 토사 유출, 삼림 개간 등을 통해 푸른 물이나 녹색 물에 유리하게, 또는 불리하게 영향을 줄 수 있다. 그림 18에서 보듯, 독일의 하르츠 산지처럼 엄청난 규모로 모두베기를 할 수도 있다.

그림 18의 왼쪽에 두 개의 소규모 삼림 저수지가 보인다. 독일 하르츠 산지에 있는 것으로, 두 저수지는 1.5킬로미터 정도 떨어져 있으며 원래 침엽수림이 있었던 자리다. 그래서 강수량도 같다. 한쪽 숲에 1957년에 모두베기와 재조림을 할 계획이 있었으므로 1955년

두 지역에 측정 도구가 설치됐다. 1955년 여름 두 곳에서 폭우의 방출 결과를 관찰했다. 그 결과는 그림 18의 오른쪽에 나와 있다. 두 저수지는 폭우에 비슷하게 반응했다. 강수가 시작된 지 약 1시간 뒤 방출량이 급격히 치솟았다가 이틀 뒤 정상이 됐다. 곡선을 보면, 비가 처음에는 토양에 흡수돼 땅속을 천천히 떠돌다가 이틀 동안 끊임없이 표면수로 서서히 방출되고 있음을 알 수 있다. 3년 뒤 여름, 이틀 연이어 두 지역에 폭우가 내렸다. 그사이 한쪽 숲은 1957년에 모두베기를 했다. 결과는 오른쪽 아래 그래프에서 볼 수 있다. 숲이 있는 곳은 3년 전과 비슷하게 반응했다. 모두베기를 한 지역은 푸른 물과 녹색 물의 분기점에서 크게 달랐다. 모두베기를 한 곳과 그대로 둔 곳의 방출 곡선을 비교하면 두 가지 점이 확연하다.

1. 모두베기를 한 곳의 방출 곡선은 그대로 둔 곳과 비교할 때 방출 최고점이 뚜렷하고 날카로우며 짧다. 이것은 첫 번째 분기점에 큰 변화가 있었기 때문이다. 토양의 많은 부분을 식물이 덮지 못하고 나무뿌리가 사라졌기 때문에 빗물이 토양 속으로 적게 스며들어 지표면으로 흐르는 양이 늘어났다.

2. 폭우가 내린 뒤 저수지의 물이 숲을 그대로 둔 곳에 비해 매우 늘어났다. 이것은 두 번째 분기점에 큰 변화가 생겼기 때문이다. 수목이 없어졌기 때문에 물이 더는 녹색 물 흐름으로 증발하여 대기 속으로 되돌아가지 못했다.

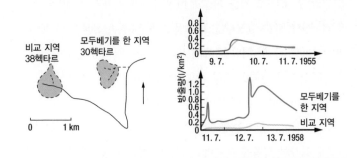

그림 18 푸른 물과 녹색 물로 나뉘는 강수의 변화(1950년대 독일 하르츠 산지의 벌목 사례)

결과적으로 지표수가 상당히 많아졌다. 곡선을 자세히 관찰하면 토양이 폭우 첫날 상대적으로 느리게 반응하며, 빗물을 어느 정도 품고 있다가 아주 소량의 물을 방출하는 것을 볼 수 있다. 둘째 날에는 폭우가 내리는 동안 물을 품고 있던 토양이 곡선의 최고 뾰족한 지점에서 물을 방출하는 것을 선명하게 볼 수 있다.

두 개의 분기점에서 빗물의 운명이 결정된다. 1955년에는 많은 양의 빗물이 저장돼 초목에 이용됐지만 1958년에는 더 많은 빗물이 지표면을 흐르거나 잠시 토양에 머물다 저수지로 흘러내렸다. 나아가 빗물 방출에 속도가 붙었는데 물의 흐름에 장애물 구실을 한 나무가 사라졌기 때문이다. 따라서 빗물은 잠시 사용할 수 있는 푸른 물로서 사용 가치밖에 없었다.

이 사례를 통해 물순환 과정의 어느 지점에 개입해야 할지를 분명히 알 수 있다. 토지를 어떻게 사용하는가에 따라 지표면의 물 움직임이 상당 부분 결정된다. 토지의 사용은 푸른 물과 녹색 물의 중요한 분기점, 즉 땅 위와 땅속에 지대한 영향을 끼친다. 그래서 토지 사용은 물순환 전체를 변형시킨다. 초목의 종류나 경작 방식의 변화도 푸른 물과 녹색 물의 분배를 변화시킨다.

이 첫 사례는 숲과 관련된 것으로, 토지 사용의 변화가 지역의 물 균형에 심각한 영향을 끼친다는 점을 보여준다. 농경의 도입과 개발, 확장으로 인한 토지의 변화보다 더 중요하지는 않더라도 숲의 변화 역시 세계적으로 중요하다.

그림 19는 토지 사용 변화로 푸른 물 흐름이 급격하게 바뀐 두 지역을 보여준다. 왼쪽은 19세기 정착 이후 미국 중서부 지방의 삼림 지역 개발 모습이다. 숲을 없애고 목초지로 사용하다가 옥수수를 경작했고, 황무지로 변한 이후 현재는 부분적으로만 목초지로 이용하고 있다. 원래 숲에서는 단지 12퍼센트의 빗물만 푸른 물로 흘렀고 88퍼센트가 녹색 물로 대기로 증발됐으나 모두베기가 이뤄지면서 줄어들었다. 반면 지속적인 곡물 경작으로 푸른 물로 흘러가는 빗물이 42퍼센트로 늘어났다. 이어 땅의 황무지화가 진행돼 49퍼센트까지 도달했다. 이런 변화는 대규모 침식과 맞물려 발생했다. 숲에서는 침식이 대수롭지 않지만 초지에서는 연간 1헥타르당 100킬로그램의 침식이 발생하고 경작지에서는 180톤, 황무지에서는 170톤에 이른다. 지구의 다른 지역에서 물 균형에 가한 인위적인 충격의 결과를 상정하면 비슷한 그림이 그려진다. 그림 19의 오른쪽은

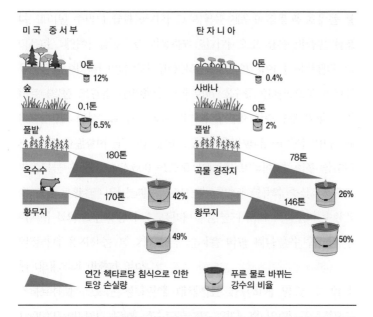

그림 19 미국 중서부와 탄자니아의 토지 사용이 푸른 물과 녹색 물로 강수가 분배되는 것과 물질 침식량(톤/헥타르)에 끼친 영향에 대한 조사 결과(Rapp, 1972)

아프리카 탄자니아에서 모두베기에 따라 사바나, 초지, 경작지로 바뀐 과정을 보여준다. 사바나일 때는 열대기후로 인해 강수의 99.6퍼센트가 증발돼 푸른 물로 흐르는 양이 거의 없다. 풀밭일 때는 98퍼센트로 줄어든다. 경작지가 조성돼 곡물이 재배되기 시작하면서 푸른 물이 강수의 26퍼센트로 늘어난다. 수수 경작으로 토양이 파괴되고 침식이 일어나 황무지로 변하게 되는 과정은 온대 지방인 미국 중서부와 열대지방인 탄자니아가 별로 다르지 않다. 마찬가지로 많은 양의 토양 물질이 표면수에 의해 씻겨 내려갔고 더는 농사를 지을 수 없게 됐다.

이들 사례는 그림 17에서 볼 수 있듯이, 두 분기점의 중요성과 강수의 이후 사용에서 초목이 얼마나 중요한지를 다시 한 번 잘 알려준다. 첫 분기점은 토양에 흡수되는 물의 양을 결정한다. 초목은 여러 요인을 통해 침투와 지표에 흐르는 물의 양에 영향을 끼친다. 토양이 빗물을 흡수하는 데 가장 큰 영향을 주는 것은 초목 뿌리의 길이와 밀도, 잎의 크기, 땅 위에 떨어져 필터 작용을 하는 잎의 양, 초목이 미생물에 끼치는 영향 등이라는 것이 다양한 수목과 생태계에 대한 연구를 통해 밝혀졌다.

두 번째 분기점에서는 토양과 초목, 기후가 복합적으로 상호작용하는데, 여기서 녹색 물로 흐를지 지표면의 푸른 물로 흐를지가 결정된다. 토양 속 물의 흐름을 결정짓는 중요한 요소는 땅을 느슨하게 만들어 물을 흡수하는 뿌리다. 그림 19에서 볼 수 있듯이, 에너지 유입, 온도, 습도가 증발량을 규제하는 중요한 요소다. 탄자니아의 열대 사바나에서는 식물의 증산작용이 아주 활발해 빗물의 99퍼센트 이상이 증발한다. 기후가 다른 미국에서는 이러한 수치가 나올수 없다. 지표면과 나뭇잎 표면에서 일어나는 증발인 비생산적 녹색 물 흐름에서, 강수 횟수와 그에 따라 토양과 나뭇잎이 젖었다가 말랐다가 하는 횟수는 초목이 만드는 그늘만큼이나 중요하다. 소중한 강수는, 비가 올 때마다 발생하고 식물의 성장에는 도움이 되지 않는 표면 증발로 비생산적으로 소실된다.

두 분기점에 작용해 생물권에서 물의 이동을 결정하는 역학적·생물학적 요인 외에 농경법도 분기점에 결정적인 영향을 끼친다. 갈고, 써레질하고, 덮어치기하고, 윤작하는 등 땅을 다루는 방식은 그 땅의 강수 흡수 능력과 첫 번째 분기점의 작용에 결정적인 영향을 끼친다. 상당히 젖은 상태에서 중장비로 땅을 적절하게 갈지 못하면 토양의 밀도를 높여 강수 흡수량이 90퍼센트까지 줄어들 수 있다. 토양이 지나치게 밀도가 높아지면 뿌리가 파고들 수 없게 돼 영양 공급과 식물의 성장에 악영향을 끼친다.

농부의 경작 방식은 무엇보다 두 번째 분기점에 영향을 준다. 적절한 곡물을 선택해 식물의 뿌리와 잎의 성장에 알맞도록 시비와 병충해 방제를 하면 증산작용이 적절히 이루어진다. 이 경우 식물은 토양의 수자원을 최대한으로 이용할 수 있게 된다.

건기가 길고 우기가 짧은 아프리카의 열대 사바나에서는 짧고 집중적인 강수가 내린 뒤 표면에서 증발해 버리는 비생산적인 녹색 물의 흐름이 지배적이다. 이는 자연환경에 기인하는 것으로, 식물의 성장에 적절하고 충분한 강수가 확보되지 않기 때문에 지표식물이 조성되지 않는다. 증발이 증산보다 더 빨라 식물은 물을 '날치기'당한다. 표면에서 증발해 버리는 비생산적인 녹색 물을 줄이기 위해, 표면의 미기후(주변 지역과는 다른 좁은 지역의 기후—옮긴이)에 직접적인 영향을 주는 농법을 택해 증발을 줄이고, 침투된 물을 사용해 식물이 증산작용을 할 수 있도록 해야 한다. 전형적인 방법으로 멀치(토양 표면에 식물을 덮거나 다른 물질을 인공적·자연적으로 쌓아 올

린 층—옮긴이)가 있다. 또한 비가 내려 땅이 젖었을 때 표층토를 갈
아엎으면 빗물의 증발을 막을 수 있다.

그림 19에서 보이는 상황은 빗물이 푸른 물과 녹색 물로 나뉘는
것에 일반적으로 적용된다. 원칙적으로 나라에 따라, 혹은 지역적인
기후에 따라 달라지지는 않는다. 물의 분배 구조와 분기점은 모든
경우에 유효하다. 이는 개별 식물의 성장 조건에 영향을 주는데, 그
것이 집 앞의 텃밭이거나, 0.1헥타르에 불과한 중국의 소규모 농장
이거나, 수천 헥타르에 이르는 미국·캐나다·독일 등지의 대규모 농
장이거나, 또한 수십만에서 수백만 제곱킬로미터에 이르는 집수 지
역이거나 마찬가지다. 인간이 땅을 어떻게 사용하는가에 따라 물을
이용할 수 있는 가능성이 달라진다.

물의 이용 가능성이 달라진 사례 가운데 주민들에게는 그리 심
각하지 않지만 매우 극단적이고 기이한 경우가 인도 체라푼지의 경
우이다. 체라푼지는 습윤 열대 지역으로 '지구상에서 가장 습한 사
막'이라 불리는 곳이다. 연간 강수량이 1만 1,400밀리미터로 독일의
12배에 이른다. 그럼에도 불구하고 이곳은 심각한 물 부족을 겪고
있다. 이유는 연간 강수 변화가 극심한 데 있다. 이곳은 집중호우가
내리는 우기에 손쉽게 물을 저장했다가 뒤이은 건기에 사용한다. 그
러나 경관이 완전히 파괴되면서 모든 천연 저수지가 사라졌다. 특히
사람들이 원시림의 나무를 모두 베어버려 대지가 열대성 집중호우
에 그대로 노출됐다. 그 결과 표토의 첫 분기점의 반응 양태에서 극
적인 변화가 초래됐다. 그림 18에서 볼 수 있듯이, 침수에 큰 변화가

생겨 대부분의 물이 표면으로 흘러내렸다. 이것이 침식을 불러왔는데 표토가 모두 침식돼 경사면은 기반암이 드러나는 지경에까지 이르렀다. 따라서 대지는 물을 저장하는 기능을 상실했다. 우기의 빗물은 급류가 매우 빠르게 흘러버려 기반 시설에 비축하거나 사용할 수 없게 됐다. 물이 사라졌다. 이 지역은 강수량이 엄청남에도 불구하고 사용할 수 있는 물이 없어 사막화되고 있다. 댐이나 저류용 저수지 같은 대규모 저수 시설을 지어 원래 토양의 풍부하고 유용한 저수 기능을 대신해야만 상황이 회복되고, 장기간에 걸쳐 숲을 다시 조성하고 농업 프로그램을 짜야 토양이 되살아날 수 있다. 그러나 필요한 자금이 마련될 기미는 보이지 않는다.

지구적으로 사람은 무엇을 하는가

앞 장에서는 지상과 지하의 특정 지점에서 푸른 물과 녹색 물이 나뉘는 것에 초점을 맞췄다. 적어도 원칙적으로는, 인위적 충격이 어느 지점에서 어떻게 물의 흐름을 바꾸면 비교적 최소한의 노력으로 최대한의 효과를 볼 수 있는지 명백해졌다. 앞에서 언급한 구조는 아랄 해와 나일 강 유역의 대규모 수리 사업 사례에서 나타난 그림과 들어맞는다. 두 경우 모두 수리 사업의 목적이 자연적인 물의 흐름을 녹색 물 쪽으로 재조정하는 것이었다.

물의 순환과 나아가 전체 생명 유지 시스템에 인간이 가한 부담을 이해하는 열쇠는 녹색 물과 푸른 물의 흐름, 그 흐름을 재조정한

동기, 그로 인해 얻어지는 생산물의 가치 등을 해명하는 데 있다. 결국 이 모든 극적인 변화는 단지 재미 삼아 이뤄진 게 아니라 많은 사람의 생존을 확보하기 위해 불가피했다.

이 시점에서 강수의 분배와 관련한 사례 연구와 여러 고려 사항을 넘어서서 근본적인 의문이 생긴다. 지구에서 원래의 자연적인 푸른 물과 녹색 물의 흐름은 어떤 모습일까? 농사를 통해 식량을 확보할 때 녹색 물의 흐름과 토지 사용은 어떤 관계일까? 식량 생산을 위해 푸른 물과 녹색 물을 관리함으로써 우리는 무엇을 얻는가? 아랄 해와 나일 강의 사례처럼 대규모의 전용은 대개 대규모의 투자를 통해 이뤄졌다. 전 세계적인 토지 사용의 변화는 어떻게 이뤄졌고, 장차 우리는 어떤 선택을 할 수 있을까?

많은 물음이 제기된다. 이들 물음은 지구의 특성이자 2장에서 지구 생명 유지 시스템이라는 용어로 다뤘던 물순환과 탄소순환의 밀접한 결합으로 되돌아가게 한다. 이제 이 결합을 인간의 관점에서 고려해 보자. 인간은 개발 과정의 초창기에 이 결합을 이해하고 활용하는 법을 익혔다. 이는 우리 농업의 기초를 이룬다. 자연적인 생산성을 넘어서 일정한 목표 아래 바이오매스를 생산하는 것이 그런 사례. 교배를 통한 식물의 변형뿐 아니라, 인간은 특히 전략적으로 목적을 가지고 물을 이용하는 법을 배웠다.

이는 단순하지만 근본적인 관계성에 기초한다. 식물의 일차 순생산량, 곧 대기에서 취해 바이오매스를 생산하는 데 사용하는 탄소의 양은 식물을 통과하는 녹색 물의 흐름과 직접적으로 나란히 함께 간다. 이는 인간이 야기한 경우는 물론, 자연 상태에서도 적용된다. 태양복사량이 증가하거나 기후 조건이 좋아지거나 성장 기간이 늘어날 경우 바이오매스 생산량의 증가는 항상 그만큼 식물 내 녹색 물의 흐름을 증가시킨다.

그림 8에서 본 바와 같이, 식물은 잎의 기공에서 가스를 교환하는데, 이산화탄소를 흡수하는 동시에 수증기를 방출한다. 기공이 닫히면 녹색 물이 흐르지 못하고 이산화탄소를 흡수할 수 없게 된다. 따라서 식물은 성장을 멈춘다. 반대로 이산화탄소 흡수와 성장을 위해 기공이 열리면 녹색 물이 잎 밖으로 증발된다. 이산화탄소 흡수와 수증기 방출에 같은 기공을 사용하기 때문에 두 흐름이 밀접하게 연관돼 있다.

이 두 흐름의 밀접한 연관성을 나타내는 것이 증산 계수다. 이는 식물이 1킬로그램의 건조한 바이오매스를 생산하는 데 사용하는 녹색 물의 양을 나타낸다.

표 4는 특정 식물의 증산 계수를 보여준다. C3·C4로 나누어진 경작물에 따라, 그리고 활엽수·침엽수에 따라 값이 다르다. C3과 C4는 이산화탄소와 물을 이용한 광합성을 통해 건조한 바이오매스를 생산하는 방식이 다르다. 표 4 왼쪽의 C3 식물은 1킬로그램의 바이오매스를 생산하면서 사용하는 물의 양이 500에서 700리터에 이른다. 표 4 오른쪽의 활엽수와 침엽수는 170에서 340리터의 물을 증산한다. 옥수수와 기장 같은 C4의 식물은 증산 계수가 300 정도로 비슷하다.

증산 계수(건조한 바이오매스 1kg당)		증산 계수(건조한 바이오매스 1kg당)	
C3 곡물		**활엽수**	
쌀	680	참나무	340
호밀	630	자작나무	320
밀	540	너도밤나무	170
보리	520		
감자	640	**침엽수**	
해바라기	600	소나무	300
C4 곡물		낙엽송	260
옥수수	370	전나무	230
기장	300	미송	170

표 4 몇몇 나무와 곡물의 증산 계수(건조한 바이오매스 1kg당)
   수치는 장소에 따라 달라질 수 있다.

표 4는 바이오매스를 생산하는 데 많은 물이 필요하다는 중요한 사실을 알려준다. 예컨대 소나무가 건조한 바이오매스 1킬로그램을 만들기 위해서는 대기에서 750그램의 이산화탄소를 취하고, 욕조 두 개(한 개에 약 150리터)를 가득 채울 수 있는 양의 물을 토양에서 빨아들여 대기로 내보내야 한다. 게다가 표 4를 보면 바이오매스 1킬로그램을 생산하는 데 대부분의 곡물(C4 곡물 제외)이 나무들에 비해 2배가 넘는 녹색 물을 필요로 한다는 것을 알 수 있다. 따라서 이산화탄소를 효율적으로 조정하는 데는 초원이나 농경지보다는 숲이 중요하다. 숲을 초원이나 농지로 바꾸면 물 소비와 대기의 이산화탄소 흡수율이 달라진다. 증산작용을 통해 대기로 방출되는 수증

기와 광합성 작용으로 대기에서 제거되는 이산화탄소는 모두 온실 가스다. 식물은 생명 유지와 성장을 위해 대기의 온실가스(이산화탄소)를 취하고 다른 온실가스(물)를 방출함으로써 대기 내 두 가스의 농도 균형을 맞춘다. 그래서 규제력을 지닌 지구 순환 시스템은 지구 온도를 식물 친화적인 범위 안으로 유지한다. 우리는 물순환과 탄소순환이 연결되는 나들목에 있게 되며, 이는 지구의 특성을 이룬다.

인간은 물순환과 탄소순환의 이런 나들목을 어떻게 활용해 왔을까?

지구의 초목은 천천히 성장하고 거듭 변화돼 왔다. 원시 초목은 끊임없이 변화하는 강수량과 기온, 토양 조건에 서서히 적응해 나갔다. 초목은 오직 소수 동물의 먹잇감이었다가, 나중에는 인간의 생존을 위한 충분한 식량이 됐다. 중유럽의 천연 습지나 열대 사바나 지역, 아시아의 습윤 열대 지역에서 초기의 초목은 1제곱킬로미터당 한 사람을 먹일 정도도 되지 않았다. 천연 식물이 훨씬 수확이 많은 식물로 개량된 뒤에야 인구 증가가 가능했다. 클라우스 할브로크의 『미래의 식량, 모두를 먹여 살릴 수 있는가』(2007)에 의하면, 인간이 식량을 단순히 채집하다가 경작으로 바꾼 것은 필연적으로 초목의 구성에서 변화를 가져왔다. 이는 주로 숲을 경작지로 바꾸고 관개를 해서 건조한 지역을 개발하는 과정을 통해 일어났다. 갈이가 된 땅에서 곡물이 경작되자 제곱킬로미터당 수확량이 이전보다 훨씬 많아지고 인구가 기하급수적으로 늘어났다.

그러나 숲을 경작지로 전환한 것은 지구 시스템의 전환을 가져왔다. 표 4에서 본 것처럼, 탄소순환과 물순환의 상관관계가 바뀐다. C3의 곡물이 숲과 같은 양의 이산화탄소를 대기 속에서 없애려면 2배의 물이 있어야 한다. 그러므로 토지 사용의 변화, 주로 숲을 경작지로 전환하는 것은 온실가스 농도를 조절한다는 관점에서 한쪽으로 치우치게 된다. 인간은 생존을 위해 식량을 생산하고 토지를 전용함으로써 식물의 생명 유지 시스템에 영향을 주게 된다.

자연은 인간이 존재하기 오래전부터 지구의 초목 구성을 늘 변화시켜 왔다. 그런데 자연의 일부인 인간이 그렇게 하면 안 되는 이유는 무엇인가? 이런 관점은 아주 타당한 것 같다. 그러나 자연이 초목에 가하는 변화는 인간이 야기하는 결정적인 변화와 다르다. 자연이 일으키는 변화와 인간이 일으키는 변화는 그 목적이 다르다. 따라서 인류는 극도로 주의하며 변화를 일으켜야 한다.

지구 초목 분포의 자연스러운 변화는 자연환경의 변화에 따라 초목이 지속적으로 적응한 결과다. 빙하시대, 아간빙기, 유성의 충돌, 또는 화산 폭발에 따라 변화가 일어났다. 적응 자체가 새로운 환경을 만들어내고 초목은 또다시 거기에 적응했다. 자연적인 규제 장치는, 때로는 심각하기도 한 외부 영향에도 불구하고 놀랄 만큼 잘 작동하기 때문에, 지구는 대체로 지난 30억 년 동안 생명체에 의해 조절되는 제3의 평형상태에서 벗어난 적이 없다. 지구를 덮고 있는 초목의 변화는 기능적인 종 구성의 변화와 더불어 지구의 생명체를 안정시키는 데 기여했다. 지구의 자연적인 초목들은 자신과 지구를 안정화하고 생존하기 위해 외부 영향에 어떻게 대응해야 할지 스스로

'알고' 있는 것처럼 보인다.

토지 이용에서 인간이 일으킨 변화의 목적은 완전히 다르다. 제3의 평형상태를 유지하는 대신 기본적으로 인구 증가에 목적을 뒀고, 지금도 그렇다. 산업화 이전 수준을 훨씬 넘어선 식량 생산의 불가피한 증가는 지구 시스템이 '자발적으로' 제공한 것이 아니었다. 이런 증가는 자연의 식물이 유전학적인 과정의 일부로 제공한 것이 아니다. 수확량 증가는 자연에서 힘들게 쥐어짠 것이다. 따라서 이런 과정은 당연히 자연을 대대적으로 재구성한다. 수세기 동안 고수확 작물 재배와 인공 비료, 살충제 개발이 결합됨으로써, 그리고 지구의 식물을 대규모로 재구성함으로써, 이 과정은 대성공을 거두었다.

따라서 인간이 일으킨 토지 이용의 변화는 오랜 동안 지구를 제3의 평형상태로 유지해 온 자연적인 생명 유지 조절 순환의 일부가 아닌 게 분명하다. 이런 변화는 환경 변화에 따른 자연의 적응과는 근본적으로 다르다.

사람은 지구의 토지 이용을 어떻게 바꿨는가

지난 300년 동안 지구상에서 인간 행위에 대한 집중적인 연구와 재구성을 통해 이 물음에 완전한 대답을 얻었다. 그 내용이 그림 20에 요약돼 있다.

그림 20은 지난 300년 동안 농경지, 초원, 숲, 기타 항목의 주요 토지 이용 범주에서의 변화를 보여준다. 이 그래프에서 농경지와 목

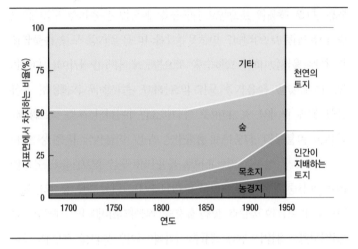

그림 20 1700년 이래 세계적인 토지 이용 변화(Geographie, 2007, Steffen, 2004)

초지는 인간의 지배를 받고 있으며 숲과 기타 범주는 천연의 토지로 간주된다. 천연 산간지대와 황무지뿐 아니라 사막, 물줄기, 습지, 천연 초지는 기타에 속한다. 그림 20에서 가장 놀라운 점은 '인간이 지배하는 토지'와 '천연의 토지' 사이의 이동이다. 1700년쯤에는 인간이 지배하는 지역이 10퍼센트 미만이었으나 오늘날은 40퍼센트가량 된다.

지난 세기에 농경지가, 무엇보다도 목초지가 늘어났다. 이 현상은 주로 45퍼센트에서 25퍼센트로 줄어든 숲과 기타 범주의 희생으로 발생했다. 무엇보다 천연 초지의 비율이 목초지가 확장되면서 당시의 48퍼센트에서 지금은 35퍼센트로 줄었다. 왜 이렇게 됐을까?

인간은 가축 사육과 농경 확립, 관개 방법 발전이라는 세 가지 수단을 통해 토지 이용을 변화시킬 수 있었다. 그 결과 인간은 세 가지 다른 방향으로 움직였다.

사람은 유목민이었다

하나의 길은 지구의 건조 지역, 무엇보다도 사막의 주변부를 활용하는 것이었다. 아프리카 사헬의 북부, 미국의 중서부 남쪽과 서부, 남아메리카의 광활한 초원, 그리고 중국 북부의 사바나와 초원 지역은 강수량이 너무 적고 불규칙해서 지속적인 농경이 어렵다. 이 지역은 초목이 드물고 폐쇄 식생[식물이 서로 근접해 자라는 군락—옮긴이]을 보기 힘들다. 따라서 나무들 사이에 거대한 빈터가 놓여 있다. 물이 부족하기 때문에 초목들은 성장 속도가 더디고 다량의 섬유소(셀룰로오스)를 함유하고 있으며, 특히 건조기에 초목을 유지하고 안정화하는 리그닌 lignin이 발달돼 있다.

건조 지역에 사는 사람에게 야생동물과 가축은 주된 식량원이다. 이런 동물에게는 인간이 가지고 있지 않은 능력이 있다. 건조 지역 초목의 주성분인 섬유소를 소화하는 능력이다. 섬유소는 인간이 소화하지 못하므로 열량 가치가 없으며, 그래서 인간의 식량 공급에서 식이섬유로 간주된다. 따라서 이 지역 사람들은 귀한 초목의 일부분만 먹거리로 이용할 수 있다. 그러므로 줄어드는 강수량과 함께 불모지 끝에서 이내 식량난에 봉착하게 된다. 섬유소를 소화하지 못하는 것 외에 인간은 두 번째 불리한 조건으로 고통받는다. 두 발로 직립보행을 하는 인간은 광활한 지역을 빠른 속도로 확보해 한꺼번에 식량을 채집할 수 없다. 살아가기 위해서는 하루에 필요한 최소 에너지인 2,500킬로칼로리의 열량을 자신이 사는 지역 주변 3킬로미터 이내나 45분 거리 안에서 얻어야만 한다. 식량은 최소한의 섬유소와 가능한 한 많은 탄수화물과 단백질을 함유해야 한다. 인간이 소화할 수 있는 식물의 밀도를 유지하려면 최소 연간 500밀리미터의 강수량이 필요하다. 비가 이보다 적게 내리면 식물이 그만큼 자라지 못하게 되고, 그래서 인간이 충분한 식량을 얻으려면 더 넓은 지역을 확보해야 한다. 이 모순을 해결하기 위해 인간은 자신에게 없는 능력을 가진 동물을 활용하는 방법을 개발해 냈다. 가축을 방목해 풀을 뜯게 하고 섬유소를 소화하도록 했다. 게다가 이들 동물은 세 번째 중요한 특성을 지녔다. 동물이 낮 동안 바이오매스를 소화하며 만들어낸 젖과 지방, 단백질을 이용하기 위해 인간은 놓아 기른 동물들이 규칙적으로 집으로 돌아오게 만들어야 했다.

그래서 축산이 발전됐다. 이는 처음에 사막 주변부에서 이루어져 유목과 연결됐다. 동물은 풀을 뜯으며 하루에 최소 반경 10~20킬로미터를 돌아다닌다. 동물은 인간보다 훨씬 많은 식물을 거둬들이며, 따라서 건조 지역에서 상당히 많은 물을 사용한다. 밤이 되면 인간은 울타리를 친 지역으로 동물을 몰아가 보호해 주며, 식량으로 이용하기 위해 젖을 짜거나 도살한다. 이 지역에서는 다음 날 같은 장소에서 동물이 풀을 뜯으려면 먹을 게 거의 없어 굶게 된다.

따라서 이런 척박한 지역의 주민과 동물은 하루에 필요한 열량을 얻기 위해 끊임없이 목초지를 찾아 이동해야 한다. 이 지역에서 인간의 생존은 인간보다 훨씬 넓은 작업 반경 속에서 '자율적으로 풀을 뜯는 기계'이자 열량 수집자인 동물의 활용에 의존하고 있다. 인간은 동물을 이용해 광범위한 지역에서 일용할 양식을 구한다. 그러나 비가 별로 오지 않기 때문에 식물의 성장은 적은 양의 녹색 물에 의존한다. 사람은 동물이 있어야 녹색 물을 활용할 수 있는데, 그렇게 하지 않으면 사용할 수 없을 정도로 물의 양이 적다. 그러나 이 전략에서는 초목에서 섭취되는 열량의 많은 부분이 동물 자신에게 들어간다. 아주 적은 부분만 인간의 식량으로 쓰이는 젖이나 지방, 단백질을 위해 축적된다. 인간이 녹색 물을 이용하는 관점에서 보면 동물을 중간 정거장으로 이용하고 있으므로 이 전략은 매우 비효율적이다. 그런데도 이것이 채택된 이유는 넓은 지역을 활용해 적은 인구의 생존을 보장하기 때문이다.

앞에서 설명한 건조 지역의 유목은 오래됐고 원칙적으로 지속가능하다. 그러나 실제로는 인구를 서서히 증가시킨다. 이에 따라 증가한 인구를 먹여 살릴 동물의 수도 서서히 증가한다. 우선적으로 방목지를 확장해야 문제가 해결된다. 그러나 사용할 수 있는 방목지를 완전히 채우게 되면 가축을 늘리는 것만이 유일한 선택이 되고, 이는 지나친 방목을 초래한다. 따라서 초목은 회복하지 못하고 밀도가 낮아진다. 그 결과 토양에서 증발하는 물이 줄어들고 강수량이 적어진다. 증발과 강수 사이의 긍정적인 피드백이 가파른 경사길에 놓이게 되고 그 길의 끝은 사막이다. 이 과정을 사막화*라고 한다. 이는 목초지가 희생되면서 사막이 확장되는 과정을 설명해 준다. 유엔의 사막화방지협약에 따르면, 사막 주변부의 3분의 2 지역이 지나친 방목으로 인해 지속가능하게 사용되지 못하고 있다. 전 세계적으로 한 해에 5만 제곱킬로미터의 방목지가 사막화로 사라진다는 뜻이다.(SDNP, 2006)

강수량 규모에서 정반대인 열대우림 지역에서도 인간은 일찍이 자연환경을 이용했다. 사막 주변부와 대조적으로 습윤 열대 지역에서는 물 공급이 문제가 된 적이 없는데, 이는 확실하고 풍부하게 비가 내리기 때문이다. 이 지역의 문제는 척박한 토양이다. 열대의 토양은 매우 오래돼 수백만 년 동안 풍화작용을 겪어왔다. 오랜 세월 동안 자양분과 무기물이 거의 다 비에 씻겨 내려갔다. 이 지역의 초목은 대기 순환에 의해 열대우림 지역으로 불어오는 흙먼지뿐 아니라 무엇보다 스스로 썩어서 만들어낸 거름에 의지해 생존한다. 사람들은 영양분이 부족한 이런 조건에서, 처음에는 스스로 지속가능한 전략으로 적응할 수 있었다. 계획적으로 불을 낼 수 있는 능력을 개발한 것이 이곳에서 매우 유용했다. 불을 질러 초목에 함유돼 있는 무기물과 거름을 한꺼번에 잿더미로 모아 농사에 사용할 수 있었다. 이것을 화전농법이라고 한다. 잿더미에 있는 고농도 무기물로 인해, 불이 난 지역은 처음에는 매우 비옥하여 많은 양을 수확할 수 있게 했다. 고온과 풍부한 강수량도 유용했다. 그러나 불과 몇 년 뒤에는 이 지역의 집중호우가 대부분의 잿더미를 쓸어갔다. 토양의 비옥도가 떨어지자 농업 생산이 붕괴됐다. 생존을 위한 유일한 방법은 장소를 옮겨 열대우림의 다른 지역에 화전을 일구는 것이었고 이 과정이 반복됐다. 기능이 다해 버려진 지역은 더 이상 사용하지 않는다면 약 40년에서 100년 만에 회복될 수 있다. 이론상 인구가 증가하지 않으면 이런 식의 토지 이용은 지속가능하다. 그러나 인구의 증가는 토지를 부족하게 만들어 재생 가능하도록 남겨두지 않는다.

이 지역에서 성공적인 전략은 이동만이 유일하다. 이 전략은 이용할 수 있는 지역이 인구 증가에 발맞춰 충분하지 않으면 실패한다. 이런 현상이 모든 열대우림 지역에서 발생하고 있으며, 오늘날 이런 생활양식의 대부분은 과거의 일이 됐다. '현대적인' 전략은 불을 놓아 열대우림을 없애고 숲이 소실된 지역에서 화학비료와 농약을 사용해 안정적으로 수확하는 것이다.

최초의 인류는 아프리카의 사바나에서 탄생했다. 유목민으로 오랜 시간을 보내며 진화했다. 당시에는 인구밀도가 낮았기 때문에 이러한 생활이 가능했다. 따라서 인류의 여명기에는 이용할 수 있는 땅이 무한정한 것으로 여겨졌다. 초기 인류에게 이런 인식이 각인됨에 따라 지속가능성과 생명 유지 시스템의 탄력성, 또는 세대 간의 정의라는 견지의 사고를 할 능력이 배양되지 않은 게 분명하다.

사람은 농부가 됐다

다른 지역에서는 앞에서 언급한 유목이 지배적이지 않았다. 특히 강수량이 풍부한 지역에서 그랬으며, 동물과 사람은 식물이 잘 자라지 않는 탓에 계속 옮아다니도록 강요받지 않은 채 충분한 식량을 확보했다. 이 경우 사람은 녹색 물의 대부분을 동물에게 맡기는 대신 직접적으로 활용하는 게 더 유리하다. 동물들이 비효율적이고 간접적으로 이용하도록 놔두지 않고, 사람이 하늘바라기 농업으로 곡물을 생산하는 데 녹색 물을 직접 활용하는 쪽을 택한 것이다.

이에 따라 농업 지역은 특히 강수량이 풍부하고 토양이 적합한 곳으로 확산됐다. 중국 동부 지역, 인도, 동아프리카, 유럽, 좁아지고 있긴 하지만 러시아의 동서를 관통하는 농업 벨트 지역, 마지막으로 지난 300년 동안 중요해진 미국과 캐나다의 동부와 대초원(프레리) 등이 특히 그렇다. 지난 300년 동안 이들 지역은 세 단계의 진보를 이뤘으며, 이는 경작지의 확장으로 이어졌다.

1. 모든 지역에 있는 숲의 대규모 모두베기.
   이는 중국, 인도, 유럽에서 시작됐으며, 이들 지역의 숲은 천연 식생 지역이었다.
2. 늪과 습지에 대한 대대인 물빼기.
   특히 19세기에 온대 지역의 대대적인 배수 계획은 천연 지역을 희생하면서 경지를 확대했다. 습지와 늪에 배수 시스템을 설치했으며, 그 결과 이들 지역은 농업에 적합하지 않았던 원인인 지나치게 많은 물로부터 '해방'됐다.
3. 온대 지역의 초원으로 광범위한 농경지의 확장.

특히 러시아에서, 이후 북아메리카에서도 이뤄졌다.

자연적으로 숲이 목초지로 바뀐 지역도 넓었다. 주로 브라질의 열대 지역이 그랬는데, 숲이 사라진 아마존 유역의 지역은 세계적으로 늘어나는 육류 수요를 충족시키기 위해 목장으로 바뀌었다.

농사를 짓기에는 기후가 너무 건조하지만 물이 충분한 지역에서는 얼마 지나지 않아 관개가 발전했다. 메소포타미아, 중국, 이집트에서 이뤄진 최초의 대규모 관개농업이 이런 사례이다. 앞에서 언급한 두 가지 전략 가운데, 유목은 현명했지만 기술적 장비를 활용하는 데에는 미미했고 하늘바라기 농업은 간단한 기술적 능력만을 요구한 반면, 관개는 포괄적인 기술적 역량의 발전과 연관돼 있다. 이 발전은 7,000년 전쯤 시작됐으며, 처음에는 물을 이동시키는 기초적 역량이 필요했다. 이런 역량의 발전은 확실히 간단하지 않았다. 물 순환, 경사면의 역할, 물의 양 등에 대한 아무런 이해가 없었다. 물을 이동시키기 위한 원시적인 도구를 개발하기 시작하여 인간이 처음으로 시도한 이런 기술적 활동이 돌파구를 열었다. 이전에는 상상할 수 없었던 자연의 재편도 가능해졌다. 이런 기술적 약진이 물 관리 영역에서 일어난 것은 놀라운 일이 아니다. 물은 제한된 자원이며, 까다로운 건조 지역에서 물을 잘 다룰 수 있다면 식량 생산에서 최대의 효과를 이끌어낼 것이다.

수천 년이 흐른 후 두 번째 단계의 혁명과 함께 높은 수준의 진보가 관개 기술에서 이루어졌다. 특히 다음 영역에서 그랬다. 물을 제공하는 우물, 물을 얻기 위한 펌프와 다른 기계, 물 흐름을 통제하기 위한 수문, 누수 없이 물을 이동시키기 위한 석조 운하 등이 그 것이다. 두 번째 물 혁명은 첫 번째 혁명보다 훨씬 더 큰 영향을 끼쳤다. 특히, 다른 문화적 성취에 의해 보완되고 뒷받침된다면 고도의 기술적 시스템만이 바람직한 성공을 가져올 수 있다는 사실이 분명해졌다. 그래서 물에 대한 권리가 생겨났고, 이는 한 사회의 개개인이 관개용 물에 평화적으로 접근하는 것을 규제했다. 처음에는 종교가 물 권리의 형성과 이행에 책임을 졌다. 물 할당과 관련한 최초의 규제는 농지에 물을 대기 위해 수문을 열어주는 데 대한 엄격한 조건을 다뤘다. 이런 방식은 여전히 지구촌의 많은 지역에서 적용되고 있다. 훨씬 뒤에 물의 양을 측정할 수 있는 절차가 도입되고 나서야 구체적으로 물을 할당하고 그 가격을 결정할 수 있었다.

아랄 해나 나일 강에서와 같은 대규모의 기술적 수리 사업으로 이어진 그다음 단계는 2차 물 혁명과 비교하면 그 자체가 다른 혁명이 아니라 계속 이어지는 발전에 지나지 않는 듯하다. 두 지역에서 관개 활용을 통해 대규모 농업 지역이 조성됐다. 관개 물의 활용은 푸른 물을 희생시켜 녹색 물을 증가시켰다. 이는 미국 서부 콜로라도 강이나 중국 황허의 경우처럼 이전의 장대한 강물이 더는 바다까지 갈 수 없도록 만들었다. 모든 물이 증산용으로 사용됐기 때문이다. 이로 인해 수상 교통과 전력 생산, 무엇보다 강 속 수생 군집 등에서 급격한 변화가 일어났다.

인간이 만들어낸 이런 영향을 표 4에서 꼽은 여러 곡물의 증산 계수와 연관시켜 보면 토지 이용 변화가 물 흐름에 얼마나 영향을 주는지가 아주 분명해진다.

강수가 일정하다고 가정한다면 숲의 상실은 일반적으로 그만큼의 탄소 상실, 따라서 건조한 바이오매스의 상실을 낳는다. 하지만 숲은 일반적으로 초원이나 경작지보다 더 많이 물을 증발시키므로 모두베기 탓에 푸른 물이 늘어날 것으로 예상할 수 있다. 숲을 목초지나 농지로 전환할 경우 물의 방출이 늘어나 홍수 위험이 커질 뿐 아니라 숲에 비해 농지의 물 저장 능력이 떨어지므로 가뭄의 위험이 커지게 된다.

가축의 수를 크게 늘리기 위해 지구촌의 건조 지역을 대규모로 활용하는 것은 녹색 지역을 줄여 이곳의 생산성을 떨어뜨린다. 이는 또한 증산과 그에 따른 녹색 물 흐름을 줄인다. 그리고 이는 앞에서 언급한 되먹임 과정으로 이어져 결국 사막화를 낳는다.

온대 지역의 하늘바라기 농업 또한 물 균형의 변화를 유발한다. 이들 지역에서 농사를 짓기에 너무 물이 많다면 배수가 이뤄져야 한다. 애초의 식물 대신에 자라는 것들은 건조한 바이오매스를 만들어내는 데 더 많은 물을 필요로 한다. 마지막으로 관개의 도입은 토지 이용을 통해 물 균형을 변화시키는 가장 직접적인 방법이다. 이는 푸른 물 흐름을 직접적으로 녹색 물 흐름으로 전환시킨다. 그래서 인간이 식량 공급을 확보하기 위해 수행한 가공할 만한 자연 재구축은 푸른 물과 녹색 물 흐름에 그에 상응하는 변화를 가져왔다.

사람은 도시 거주자다

지난 수십 년 동안의 폭발적인 인구 성장과 함께, 사람으로 인한 토지 이용 변화는 새로운 국면에 접어들었다. 지구 차원의 도시화가 그것이다. 이는 그림 20에서는 아직 드러나지 않는다. 왜냐하면 전체에서 도시 지역이 차지하는 비율이 여전히 낮기 때문이다. 하지만 이는 다가올 25년 안에 바뀔 것이다. 1900년쯤에는 아프리카 인구의 단지 5퍼센트가 도시에 살았으나 이제는 40퍼센트가 넘으며 20년 안에 70퍼센트가 될 것이다. 도시화는 지난 300년에 걸친 세계적인 농업과 축산의 팽창보다 훨씬 속도가 빠르다.

사람은 스스로를 공동체로 조직화한다. 인구밀도가 아주 낮은 지역에서조차 사람들은 혼자 있지 못하고 부족과 마을을 조성하기를 좋아한다. 사회적 공동체를 형성하려는 인간의 본성은 갈수록 더 큰 정착지로 이어졌다. 부족은 마을이 되고 마을은 도시가 됐다. 최근에는 도시가 1000만 명 이상의 사람이 거주하는 거대도시(메가시티)가 됐다. 최대 규모의 거주지인 일본 도쿄권에는 지금 3500만 명이 살고 있으며, 거주지 밀집이 세계적으로 끝없이 이뤄지고 있다. 이 책이 처음 출판된 해인 2007년은 도시화 역사에서 기념할 만한 해가 될 것이다. 이해에 처음으로 도시 인구가 농촌 인구보다 많아졌다. 그리고 모든 예측이 도시화 추세의 지속을 확인해 주고 있다. 그래서 2025년에는 인구의 70퍼센트가 도시에 살게 될 것이다.

유럽에서는 도시화 추세가 거의 마무리돼 75퍼센트 이상이 도시에 살고 있다. 이러한 추세는 생활양식의 극적인 변화와 연관돼 있으며, 18세기의 농촌 생활양식에서 19세기와 20세기 초의 산업적 생활양식으로 바뀐 변화 및 산업화와 동행했다. 농민과 농촌 노동자들은 자식들의 미래를 위해 도시로 갔다. 화석연료를 사용할 수 있었으므로, 공장들은 동력 기계를 들여놓고 생산과정을 합리화했다. 다양한 계층에서 구매력이 향상돼 시장이 확장됐다. 도시가 발전하면서, 인구밀도가 높아진 탓에 노동시장, 소비재 시장, 보건과 교육 같은 서비스가 농촌 지역에서보다 훨씬 더 효율적으로 조직화될 수 있었다. 인구밀도가 낮은 농촌에서는 수송 거리도 길고 상품의 종류도 많지 않았기 때문에 물품 가격이 비쌀 수밖에 없었다. 결국 역설적이게도 개인 수송의 발전이 자동차의 발전을 통해 도시에서 시작됐다. 실제로는 거리가 먼 농촌 지역에서 개인 수송이 더 중요했어야 하지만 그곳에서는 감당할 수가 없었다.

그사이에 발전도상국의 전 도시가 인구 유입에 따라 엄청난 성장을 경험하고 있다. 19세기와 20세기 초반의 유럽에서처럼 비슷한 진전이 일어나고 있다. 예를 들어 탄자니아의 수도였던 다르에스살람의 인구는 13년마다 2배가 되고 있다. 이는 연평균 2퍼센트의 성장률을 보이는 탄자니아의 인구보다 3배 빠르게 증가함을 뜻한다. 이런 성장 과정은 제3세계의 모든 도시에서 비슷하며, 좀 더 발전 양상이 빠른 도시의 중심부로 이주함으로써 농촌의 빈곤에서 벗어나겠다는 사람들의 꿈이 이를 추동하고 있다. 그 중간에 존재하는 것이 빈민가(슬럼)라는 냉혹한 빈곤 지역이다. 누군가가 자녀를 위해 교육과 번영을 얻기를 바란다면 이를 이겨내야 한다. 현재 세계의 많은 지역에서 연간 6~10퍼센트의 경제성장이 이뤄지면서, 중국·인도·브라질·남아프리카공화국 등 신흥국의 도시에서 수백만 개의 일자리가 만들어지고 있다. 이들 일자리는 번영의 꿈을 키워주며 도시화 과정과 도시 성장의 동력이 된다.

그러는 동안 많은 곳에서 도시의 성장은 역설적인 국면으로 바뀌었다. 도시 성장과 도시 생활양식의 확장에 의해 도시 자체의 존재조건이 침식된다. 도시의 생존은 주위 지역에서 재화와 서비스가 지속적으로 유입되는 것에 의존한다. 사람뿐 아니라 식량, 물, 에너지 등이 유입돼야 한다. 그러나 도시의 확장은 자신의 생존이 의존하고 있는 주위 지역의 농지를 집어삼킨다. 게다가 불행하게도 이 과정은 흔히 아주 비옥한 농토를 파괴한다. 이런 확장하는 도시들이 매우 비옥한 주위 환경을 가진 지역에 만들어졌기 때문이다. 그래서 파괴적인 과정이 시작되면 대규모의 농토가 공동 주택, 공장, 공항, 도로, 주차장, 골프장, 테니스장 등으로 바뀌는 것으로 귀결된다.

지금 태어나는 100만 명의 사람이 도시에서 살아갈 때 4만 헥타르의 땅이 필요하다고 가정한다면(Brown, 2004), 이는 매년 늘어나는 7000만 명의 인구에게 해마다 300만 헥타르의 새로운 땅이 요구됨을 뜻한다. 일반적으로 이런 땅은 도시 가까이에 있는 비옥한 농경 지역에 해당한다. 앞으로 20년 동안 이런 불가피한 성장이 세계적으로 6000만 헥타르의 농토를 파괴할 것이다. 이는 유럽 전체의 경작지와 같은 규모다. 이 사실은 놀랄 만하며 확실히 지속가능하지 않다.

인구 성장이 주택과 공장의 건설을 촉진하는 반면 경제성장은 불가피하게 특히 중국·인도·브라질·남아프리카공화국 등에서 자동차의 수를 늘린다. 차의 주인에게 땅이 필요한 것처럼 자동차에게도 그렇다. 현재 세계 자동차 수는 해마다 900만 대씩 증가하고 있다. 자동차와 더불어 운전하고 주차하는 데 필요한 땅도 증가하고 있다. 자동차에 할당된 땅의 크기는 세계적으로 다양하다. 미국·캐나다·브라질 등 인구밀도가 낮은 나라의 1대당 0.07헥타르에서 유럽·중국·일본·인도의 0.02헥타르 사이에 걸쳐 있다. 예를 들어 갈수록 경제가 성장하는 인도에서는 자동차가 100만 대 늘어날 때마다 약 2만 헥타르의 땅이 도로와 주차장으로 바뀌어야 한다. 지표면을 막아버리기 때문에 이런 땅은 물을 증발시키는 능력을 잃어버린다. 그래서 수많은 자동차는 자신이 차지하는 지역의 녹색 물 흐름을 파괴한다. 인도에서 이는 연간 약 7500만 세제곱미터에 이르는 것으로 추정된다. 이런 물의 양은 인도에서 25만 명이 충분히 먹을 수 있는 5만 톤의 곡물을 키우는 데 쓰일 수 있다.(Brown, 2004) 이런 전환과 그에 따른 지표면의 봉쇄는 그림 17의 첫 번째 분기점에서 봤듯이 강수가 지표면에서 방출되는 것 말고는 어떤 경로에도 접근할 수 없음을 뜻한다. 이는 특히 집중호우가 내릴 때 눈에 띄는데, 직접적으로 땅 위를 흐르는 물은 그림 18의 모두베기의 경우와 비슷하게 엄청나게 늘어나 홍수로 이어진다. 홍수 때 내리는 비는 가장 빠른 속도로 육지에서 바다로 이동한다. 이전에는 자연이 저장했던 엄청난 양의 물을 댐에 충분히 담아둘 수 없기 때문이다. 그러나 지표면 위로 이렇게 흘러가는 물은 더는 활용할 수 없다.

도시화는 동적으로 진행되며 여러 나라에서 성장과 소비라는 큰 기대 및 꿈과 함께 이뤄진다. 예를 들어 중국은 이미 거대도시인 수도 베이징에서 항구 도시인 톈진 사이의 비옥한 100킬로미터의 회랑 지대를 앞으로 20년에 걸쳐 대규모 공동 도시 지역으로 바꿀 계획이다. 이는 두 도시 사이의 경작 가능한 땅이 주택·공장·도로·주차장·상가, 나아가 골프장으로도 뒤덮인다는 것을 뜻한다. 결국 1억 명의 주민이 이 신흥 거대도시에 살게 될 것이다. 이런 거대 지역이 도대체 생존할 수 있을지, 그 주변 지역은 얼마나 커질 수 있고 커져야 하는지, 이들 거대도시에 필수품을 제공하려면 푸른 물과 녹색 물이 얼마나 필요할지, 수송 체계는 어떻게 구축될지, 이런 거대도시에서 용인될 수 있는 생활이 어떤 것일지, 더 중요하게는 이 모든 일이 지속가능하게 일어날 수 있을지, 이 모든 질문은 지금의 연구에서 가장 매력적인 주제들이다.

사람은 지구 시스템과 다르게 행동한다

이제까지의 지구의 천연자원 활용에서 하나의 전략을 집어낼 수 있는데, 여기에는 녹색 물 흐름이 포함된다. 이 전략은 인구 성장과, 지표면에 대한 의도된 변화를 통해 식량과 주거 등 필수품을 제공하는 것으로 이뤄진다. 이를 이뤄내려면 가능한 것은 하나뿐이다.

초목으로 덮인 지역의 토지 이용을 바꾸는 것이다. 식량 생산을 위한 녹색 물의 사용은 어떤 농업 관행을 택하느냐에 따라 결정된다. 들판이 곡물을 키우는 데 쓰이게 된다. 농업은 또한 토지 이용을 더 최적화하기 위한 두 번째 전략을 갖고 있다. 식물의 성장을 촉진하고 그럼으로써 관련 생태계의 생산성을 높이는 것이 그것이다.

일반적으로 자연 생태계는 영양 제한으로 고통을 받는다. 자연 생태계에 결핍된 여러 광물질뿐 아니라 질소와 인산염 비료를 추가함으로써 단위 면적에서 자라는 바이오매스의 양을 크게 늘릴 수 있었다. 그러나 이는 또한 증발되는 물의 양이 늘어난다는 것을 뜻한다. 프리츠 하버Fritz Haber와 카를 보슈Carl Bosch가 20세기 초반에 대기 중의 질소에서 질소비료를 만들어내는 기술을 발전시킨 이후 곡물에 대한 자연적인 질소 제한은 실질적으로 세계의 많은 지역에서 사라졌다. 그림 21은 세계 질소고정 양과, 산업적으로 생산돼 수확량을 늘리기 위해 농업에 사용된 양의 비교를 보여준다.

오늘날의 지식에 따르면, 자연적 질소고정은 지난 세기에 걸쳐 거의 바뀌지 않았다. 세계적으로 해마다 약 1억 1000만 톤 정도가 고정된다. 자연적으로 질소고정은 초목과 토양 박테리아(리조비움) 사이의 공생과 폭풍우 때의 번개로 이뤄진다. 이는 그림 21에서 가로로 그어진 선으로 나타난다. 질소비료의 생산은 1960년과 1980년 사이에 크게 늘어 곧 자연적인 고정을 넘어섰다. 인위적인 질소고정의 예로는 탄화수소의 연소(예를 들어 자동차에서), 인공 비료의 산업적 생산, 쌀·콩·알팔파의 농업적 사용 등을 통한 대기의 질소 변

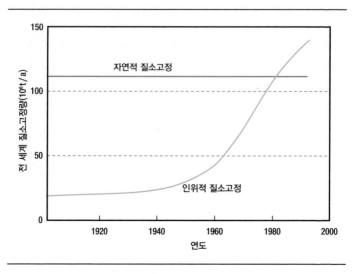

그림 21 대기 중의 질소(N_2)를 생물학적으로 사용할 수 있는 질소(NO_2와 NHx)로 전환시키는 질소고정의 자연적·인위적 변화 추이(Geographie, 2007, Vitousek, 1994)

형 등이 있다. 쌀·콩·알팔파는 대기 중의 이산화질소 N_2를, 토양 박테리아와의 공생을 통해 식물이 생물학적으로 쓸 수 있는 질소로 전환시킨다.

그림 21에 나타난 두 선의 교차점은 인위적 질소가 지구 시스템이 생산하는 질소의 양을 넘어서는 시점을 보여준다. 이날은 기억할 만하다. 1981년쯤에 일어난 일인데, 어떤 역사책에도 언급돼 있지 않다. 그럼에도 사상 처음으로 우리는 기술을 사용해 지구 시스템 속의 중요하고 양적으로 큰 물질 순환, 곧 질소순환을 개별적인

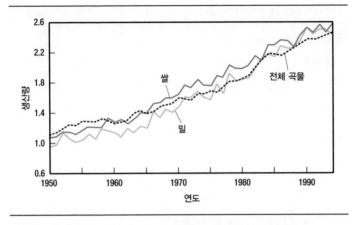

그림 22 1950년과 1995년 사이 쌀·밀과 곡물 생산량의 증가(WBGU, 1997)

지역이 아니라 지구 전체에서 지배하는 데 성공했다. 당시에는 '지구화'라는 말이 어떤 실질적 중요성을 가지지 않았지만, 1981년은 지구 시스템에 대한 인간의 영향이 최종적으로 지구화한 해였다.

그림 21에서 보듯이 1980년 이후 인위적인 질소고정에서 증가세는 계속 일정해진다. 이제 질소 소비는 세계적으로 매우 완만한 증가세를 보인다. 이는 단 60년 만에 지구촌 농업 지역에서 자연적인 질소 결핍을 퇴치할 수 있었음을 보여준다.

이는 농업 산출량의 계획적이고 인상적인 증가와 연계돼 있다. 인공 비료의 대규모 사용은 새로운 고수확 품종의 선택과 함께 녹색혁명의 전제였다. 그것은 늘어나는 인구를 먹여 살리는 데 필요했으며, 이제 세계 인구의 3분의 1 이상이 사는 인도와 중국 같은 나라를 기아에서 해방했다. 수확량의 증가는 그림 22에서 분명하게 알 수 있다.

하지만 왜 농업 생산성의 증가와 지구 질소순환에 대한 인간의 지배가 녹색 물 흐름에 중요한 것일까? 경작지의 질소 결핍 제거는 생산성 증가로 귀결된다. 이는 산출량과 물이 증산 계수를 통해 긴밀하게 결합돼 있기 때문에(표 4 참조), 또한 해당 지역의 물 소비 증가로 귀결된다.

사람과 자연을 위한 물

지난 수십 년 동안 토지 이용과 생산성 증대에서 발생한 급격한 변화를 본다면, 우리 인간이 녹색 물 흐름을 변화시켰는가라는 질문에 '그렇다'라고 대답할 수 있다. 앞서 설명했듯이, 녹색 물은 여러 차례 이용할 수 없으므로 이는 물순환, 다음 세대에 늘어나는 세계 인구가 쓸 수 있는 수자원, 그럼으로써 이 책의 기초가 되는 문제에 지대한 영향을 가져올 결과를 낳는다. 우리는 핵심적인 질문에 접근하고 있다. 지구의 생명 유지 시스템에 손상을 주지 않은 채 식량 생산을 위해 지구의 녹색 물 흐름을 얼마나 많이 증가시킬 수 있을까?

인간은 이미 녹색 물 흐름을 철저하게 변화시켰다. 그래서 녹색 물도 늘어났는가? 오늘날의 지식으로는 이 질문에 엄밀하게 답할 수 없다. 앞에서 말했듯이, 토지 이용 변화로 이어지는 모든 인간 행동이 녹색 물 흐름의 증가로도 이어지는 것은 아니다. 농업과 관개

생태 지역	하위 지역	비 (mm/a)	푸른 물 흐름		녹색 물 흐름	
			지표면 (mm/a)	지하수 (mm/a)	증산작용 (mm/a)	생바이오매스 (t/ha)
아열대와 열대	사막 사바나	300	18	2	280	2~6
	건조한 사바나	1,000	100	30	870	4~12
	습한 사바나	1,850	360	240	1,200	8~20
아북극권 -온대	툰드라	370	70	40	260	1~2
	타이가	700	160	140	400	10~15
	혼합림	750	150	100	500	10~15
	삼림 스텝	650	90	30	530	8~12
적도 지역	습한 내부 적도	2,000	600	600	800	30~50

표 5 지구의 다른 기후 지역에서 강수가 푸른 물과 녹색 물 흐름으로 나뉘는 양상(Falkenmark, 2004)

확대에 따른 녹색 물 흐름의 분명한 증가는 토양 개량 조처의 산물인 습지와 늪의 배수, 건조 지역의 지나친 방목에 따른 증산작용의 감소, 사막화와 도시화 등에 의해 상쇄된다. 그래서 강수를 푸른 물과 녹색 물로 구분하는 것은 지역에 따라 크게 달라진다. 표 5는 지구상의 전형적인 지역의 강수 구분과 관련해, 이용 가능한 최선의 물의 양과 헥타르당 톤으로 표시한 각각의 바이오매스 생산량을 함께 보여준다.

표 5는 강수가 푸른 물과 녹색 물로 나뉘는 문제에서 지역별로 큰 차이가 있음을 보여준다. 사막 사바나에서는 푸른 물 흐름이 거의 완전하게 끊기고, 강수의 대부분이 증발한다. 적도 지역에 있는 습한 사바나에서는 물 공급이 늘면서 증산작용이 증가해 아르당

1,200밀리미터 수준까지 이르고 헥타르당 8~20톤의 바이오매스를 만들어낸다. 이런 수치는 중부 유럽을 포함한 온대 지역에서는 나타나지 않는다. 우리 위도에 있는 혼합림에서는 증산작용이 아르당 약 500밀리미터이고 10~15톤의 바이오매스를 생산한다. 바이오매스 생산에서 절대적인 선두 주자는 열대우림이다. 여기서는 아르당 800밀리미터의 증산작용이 이루어져 헥타르당 30~50톤의 바이오매스가 생산된다. 이곳은 또한 푸른 물 흐름이 가장 많은 지역이다. 이는 아마존 강과 콩고 강의 거대한 흐름으로, 아주 인상적으로 확인할 수 있다. 전체적으로 강수가 푸른 물과 녹색 물로 나뉘는 문제에서 지역별 차이가 크다. 지구에서 가장 큰 푸른 물 흐름은 열대우림과 습한 사바나에 존재한다. 이는 높은 수준의 강수와 제한된 수준의 증산작용에 따른 것이다.

표 5의 수치로 인간이 사용하는 물의 양과 자연에 남겨진 물의 양을 추정할 수 있다. 이를 위해서는 각 생태 지역과 하위 지역에 해당하는 곳의 비율을 알아야 한다. 마지막으로 각각의 물 흐름에 대해 인간이 우선적으로 통제할지 아니면 통합성을 보장하기 위해 지구 생명 유지 시스템에 우선권을 부여할지 고려해야 한다. 예를 들어 지구상의 모든 초원과 초지에서 녹색 물 흐름은 이제 인간이 두드러지게 통제하고 있다. 그렇게 그 지역에서 방목하는 동물의 수를 결정하고 그럼으로써 대개 초목의 밀도를 정한다. 자연히 이는 대규모 목장에 대해서도 마찬가지다. 표 6은 푸른 물과 녹색 물 흐름의 크기에 대한 지구 차원의 개요를 보여준다.

물 흐름	생태 및 활용 시스템	물 소비 (km³/a)	강수 비율 (%)
사람을 위한 푸른 물	관개	2,100	2
	가정용 및 산업용	1,300	1
자연을 위한 푸른 물	기저유량을 통한 강 생태	9,400	8
	홍수 유출	30,150	27
푸른 물 합계		42,650	38
사람을 위한 녹색 물	건조 농업	5,000	4
	낙농	20,400	18
	초원 및 초지	12,100	11
자연을 위한 녹색 물	삼림과 관목 숲	19,700	17
	사막	5,700	5
	습지	1,400	1
	호수의 증발	760	1.1
	공원의 증발	100	0.1
	기타	5,390	4.8
녹색 물 합계		70,850	62
전체 합계		113,500	100

표 6 푸른 물과 녹색 물 흐름에 대한 지구적 개관(단위 km³/a, Falkenmark, 2004)

표 6에서 보는 바와 같이, 육지에 내리는 총 강수량이 전체 수자원이다. 이 양은 푸른 물과 녹색 물의 합계와 일치한다. 푸른 물과 녹색 물이라는 두 가지 큰 범주는 배경 음영이 다르게 표시돼 있다. 회색 바탕은 전체 물이다. 두 범주 각각에서, 주된 용도가 인간의 생존을 위해서인가, 아니면 자연이 생명 유지 시스템의 통합성을 유지하기 위해서인가에 따라 항목이 구분된다. 표 6의 둘째 칸은 강수

가 지상에서 분배되는 경로를 보여준다.

해마다 모두 11만 3,500세제곱킬로미터의 강수가 지표면에 내린다. 이것이 활용할 수 있는 신선한 물의 100퍼센트다. 강수의 거의 40퍼센트인 4만 2,650세제곱킬로미터는 푸른 물이 된다. 사람은 단지 작은 부분인 3,400세제곱킬로미터를 관개용과 가정용, 그리고 산업용으로 사용한다. 관개용으로 쓰이는 강수는 녹색 물로 바뀌어 수증기가 돼 바람에 날아간다.

언뜻 10퍼센트도 안 되는 인간의 푸른 물 사용량은 놀라울 만큼 적은 듯 보인다. 하지만 여기서는 강과 호수의 푸른 물을 끌어 쓰는 것만 고려한 것이다. 수자원에 폭넓은 영향을 주는 여러 가지 활용, 즉 댐에 저장해 놓는 것, 오염 물질로 인해 수질이 떨어지는 것, 냉각과 에너지 생산에 푸른 물을 사용하는 것 등은 표 6에서 고려되지 않았다. 호수와 강물에 대한 좀 더 폭넓은 인간의 통제처럼 이렇게 단순하게 물을 끌어 쓰는 것 이상을 고려한다면 푸른 물에 대해 완전히 다른 그림이 떠오른다.

비슷한 이유로, 아스완하이댐 건설에서도 결정적이었듯이 20세기는 전 세계적으로 댐과 저수지같이 물을 가두는 구조물의 건설로 특징된다. 이들 구조물의 역할은 푸른 물을 규제하는 것이다. 그림 23은 세계적으로 대형 댐이 통제하는 물의 양이 증가하는 추이를 보여준다. 댐에 의한 푸른 물 통제가 늘어난 정도는 특히 1960년에서 1990년 사이에서 눈에 띈다. 현재 연간 총 1만 5,000세제곱킬로미터에 이르는 양의 물이 댐에 의해 통제되고 있다. 표 6을 보면, 이

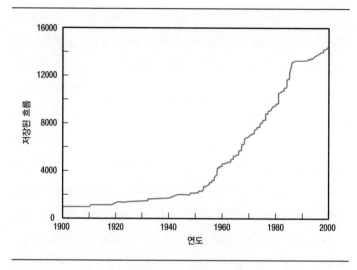

그림 23 지구에서 대형 댐이 통제하는 물 흐름의 증가 추이(단위 km³/a, Alcamo at al., 2005)

는 세계적으로 해마다 강에서 방출되는 양의 거의 40퍼센트에 이른다.

댐이 있음에도 불구하고, 푸른 물의 주된 부분은 기저유량(바닥흐름―옮긴이)이나 홍수 형태를 이루어 자연이 호수와 강에서 생명체를 유지해 나가는 데 쓰인다. 강 속의 수생 생명체는 최소한의 물이 흘러야 생존할 수 있는데, 강수량이 적을 때 특히 그렇다. 이 물이 유지되지 않으면 강과 호수의 수생 공동체는 피해를 입으며, 결국에는 물을 정화하고 오염 물질을 제거하는 강과 호수의 역량도 그렇게 된다. 물 정화는 강과 호수가 제공하는 본질적인 서비스다. 주로 강과 호수에 있는 동식물이 살 수 있는 생태를 유지하기 위해 이 서비스를 필요로 한다. 하지만 사람 또한 우리 문명의 폐기물과 남는 비료를 처리하기 위해 강과 호수를 점점 더 많이 활용하고 있다. 자연적인 수생 생태가 이 서비스를 수행할 역량을 잃어버린다면 이론적으로 인간은 새롭고 훨씬 더 복잡한 하수처리장에 투자해서 그것을 대체해야 할 것이다. 지금의 하수처리장은 최악의 폐기물만을 처리하고 나머지 복잡한 정화 과정은 자연에 맡김으로써 비교적 경제적으로 작동하고 있다. 문제의 핵심은 이 새로운 하수처리장이 똑같은 서비스를 제공하려면 파괴된 수생 생태계만큼 복잡해야 한다는 것이다. 이런 복잡한 처리장이 아직 존재하지 않는다는 사실(앞으로도 결코 존재하지 않을 가능성이 크다.) 외에도, 그 비용이 막대하기 때문에 이들 수생 생태계를 파괴하는 과정을 시작함으로써 얻을 수 있을 듯한 이득을 훨씬 초과할 가능성이 높다.

흰색 바탕으로 되어 있는 표 6의 아래쪽은 녹색 물 흐름을 보여준다. 다시 이 흐름도 사람이 통제하는 녹색 물과, 거의 전적으로 자연이 현재 지구 생명 유지 시스템의 통합성과 안정을 유지하는 데 쓰는 녹색 물로 나뉜다. 녹색 물 흐름은 매년 7만 세제곱킬로미터 이상이어서 푸른 물 흐름보다 훨씬 더 많다. 오늘날 곡물을 재배하는 데 쓰이는 녹색 물은 연간 5,000세제곱킬로미터 이상에 이르며, 세계적으로 관개에 쓰이는 전체 물의 2배가 된다. 그럼에도 북아메리카와 남아메리카의 개간된 프레리, 아프리카의 사바나, 아시아의 초원 등에서 이뤄지는 지속적인 낙농은 연간 2만 400세제곱킬로미터의 물을 요구하는데, 이는 지금의 실제 농업에 비해 육류 생산에 들어가는 물이 4배가 됨을 뜻한다. 여기에 덧붙여 여전히 흔한 유목이 사막 주변의 건조지역에서 빈약한 식생을 거의 항상 과도하게 소모하면서 매년 1만 2,100세제곱킬로미터의 녹색 물을 추가로 사용한다. 모두 합쳐 우리 인간은 현재 연간 3만 7,500세제곱킬로미터라는 엄청난 규모의 녹색 물을 통제한다. 이 녹색 물 흐름은 거의 전적으로 식량 생산을 유지하는 데 쓰인다.

인간이 거의 통제하지 않고, 그래서 거의 전적으로 지구 시스템의 자연적 안정에 쓰이는 녹색 물은 본질적으로 삼림과 관목 숲, 습지, 강과 호수 등에서 증산작용에 쓰인다. 여기에 덧붙여 빙하와 사막지대에서 증발되는 아주 적은 양이 있다. 연간 2만 7,660세제곱킬로미터라는 양은 매우 많아 보인다. 삼림과 관목 숲의 증산작용은 전적으로 생물학적 통제를 받는다. 이들 지역에서 생물권은 온실가스, 곧 수증기와 이산화탄소의 농도를 통제함으로써 기온을 조절할 뿐 아니라 자신의 안정을 보장하기 위해 생물 다양성을 극대화하는 지구적 임무를 수행한다.

지구 시스템이 강의 자정 작용 등을 통해 푸른 물 흐름으로 제공하는 서비스는 본성상 지역적이다. 이들 서비스는 강과 호수의 한 부분이나 습지의 한 지역에 작용한다. 이는 녹색 물 흐름이 제공하는 서비스와 차이가 있다. 녹색 물은 중요한 지구적 임무 또한 수행한다. 사실상 지역적 일인 식량 생산에 덧붙여 녹색 물 흐름은 또한 온실가스의 균형에 기여함으로써 지구 온도의 통제와 산소 생산에 기여한다. 녹색 물의 이러한 지구적 서비스는 두 가지 중요한 점에서 푸른 물 흐름의 지역적 서비스와 다르다. 우선 녹색 물 흐름에 대한 모든 지역적 영향은 지구 시스템의 지구적 서비스에 영향을 주고, 그럼으로써 자동적으로 지구 전체에 타격을 준다. 예를 들어 브라질에서 우림을 벌목해 초원과 목장으로 바꿈으로써 지구의 온도 조절 기능에 영향을 주면 강 주변에 사는 사람들뿐 아니라 지구의 모든 사람과 생태계가 영향을 받는다. 다른 한편으로 지구적인 모든 서비스가 기술적으로 똑같이 대체되거나 뒷받침되지는 않는다. 이는 수생 생태계의 자연적인 자기 정화를 하수처리장 가동과 비교하면 알 수 있다. 자연 생태계 속 생물 다양성의 발전을 기술적으로 대체하는 것은 상상할 수 없다. 어떤 종을 인공적으로 '창조'하는 것이 최선인지조차 알 수 없다. 자연 생태계를 농업 생산으로 바꿈으로써 잃어버린 산소를 대체하기 위한 지구적 규모의 산소 생산 장치는 아직 알려지지 않았으며 검토되지도 않았다. 이렇듯, 이 목적에 가장 적합하고 비용 대비 효과가 큰 장치는 우리가 파괴하는 과정에 있는 것, 곧 방해받지 않는 자연으로 결론이 날 가능성이 아주 크다.

요약

인간이 목적을 이루기 위해 지구의 수자원을 활용하기 이전에는 자연이 수자원의 100퍼센트를 사용했다. 그때에도 아마 강수는 약 60퍼센트의 녹색 물과 40퍼센트의 푸른 물로 나뉘었을 것이다. 두 가지 형태의 물은 전적으로 지구 생명 유지 시스템을 안정시키는 데

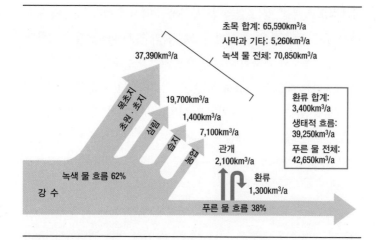

초목 합계: 65,590km³/a
사막과 기타: 5,260km³/a
녹색 물 전체: 70,850km³/a

37,390km³/a

목초지
초원, 초지

19,700km³/a
1,400km³/a
7,100km³/a

습지
삼림

관개
2,100km³/a

환류 합계:
3,400km³/a
생태적 흐름:
39,250km³/a
푸른 물 전체:
42,650km³/a

녹색 물 흐름 62%

강 수

환류
1,300km³/a

푸른 물 흐름 38%

그림 24 열대 및 온대 기후 지역에서 녹색 물과 푸른 물 흐름(Falkenmark, 2001)

쓰였고, 온실가스 통제와 그에 따른 지구 온도의 안정, 식물과 동물 폐기물의 정화와 처리, 토양 속의 물 저장 등과 같은 중요한 역할을 수행했다. 그 이후, 지구상의 물 흐름을 나누는 주된 요인으로 인간이 등장했다. 인간은 지난 300년 동안 농업 지역과 초지를 크게 확장했으며, 최근 수십 년 동안 더 두드러졌다. 그래서 근본적으로 삼림과 습지를 흐르던 녹색 물 흐름의 방향이 이제 곡물 재배지와 목초지 쪽으로 바뀌었다. 이들 식물은 삼림보다 덜 효율적으로 물을 사용하지만 유용한 식량을 직간접적으로 생산한다. 게다가 관개가 늘어나 푸른 물과 녹색 물의 일부가 방향이 바뀌었다. 인간이 지난 30~40년 동안 증가시킨 푸른 물 흐름의 양은 미미할 뿐이지만 전 세계적으로 푸른 물 흐름의 큰 부분을 통제하게 됐다. 인간이 통제하는 푸른 물 흐름은 지구 전체 푸른 물의 약 60퍼센트를 차지한다. 나머지는 농부와 가축이 아니라 자연 자체가 통제한다. 식물의 생장을 촉진하는 비료를 사용하지 않는다면 자연적인 영양분이 공급돼 그 역할을 할 것이다. 마찬가지로 식물을 보호하기 위해 농약을 쓰지 않는다면 식물과 벌레들은 지속적인 자연선택 경쟁에 휩쓸릴 것이다. 사람과 자연의 녹색 물 사용을 규정하는 규칙은 분명히 매우 다르다.

그림 24는 강수가 세계적으로 어떻게 푸른 물과 녹색 물로 나뉘는지 보여준다. 결론은 지난 300년 동안의 변화 과정에서, 특히 20세기 후반에 인간이 지구의 각 대륙에서 물 흐름에 통제를 확보했다는 것이다. 인간은 자연과는 다른 방식으로 지표면과 토양 속의 관련 지점에서 강수의 분리를 통제할 뿐 아니라, 나일 강의 사례가 보여주듯이 자연은 결코 그러지 않았을 시기에 물을 저장하고 활용하는 것 또한 배웠다.

6 사람에게는 얼마나 많은 물이 필요한가

앞 장에서는 사람과 자연의 물 소비를 양적으로 다뤘다. 그 결과는 지표면에 있는 녹색 물 흐름의 약 60퍼센트와 푸른 물 흐름의 약 40퍼센트를 이제 사람이 통제한다는 것이다. 이는 무서운 성취이며 이를 이루기 위해 정말 많은 생각과 노력을 쏟아부었다.

우리 인간은 왜 지구 표면의 많은 부분을 바꾸고 장대한 물 흐름을 전환시키려고 이런 생각과 노력을 했을까? 우리는 그렇게 많은 물로 무엇을 하는 것일까?

물은 세 가지 핵심 영역에서 사용된다.

- 식수와 위생 목적으로
- 산업용으로
- 식량 생산용으로(증산작용 물)

앞의 둘은 푸른 물을 직접적으로 사용하는 것이고 마지막은 녹색 물을 간접적으로 사용하는 것이다.

이 책을 쓸 당시의 세계 인구는 65억 명이었다.(U.S. Census Bureau, 2006) 이후 다가오는 몇 해 동안 연간 7800만 명이 늘어날 것으로 추정된다. 이는 독일의 전체 인구에 거의 맞먹는다. 우리의 생존, 특히 건조 지역 사람들의 생존은 지구 물순환의 변화에 달려 있다. 자연에서 쓰이는 물과 인간이 사용하는 물을 조화시키고 싶다면 인간이 기본적 필요를 충족시키는 데 요구되는 물의 최소량을 이해하는 것이 중요하다.

식수

인간에게는 생존을 위해 하루 3~5리터의 물이 필요하다. 지구 규모로 볼 때 이 양은 많은 것이 아니다. 세계 인구가 한 해 동안 필요로 하는 식수의 전체 양은 약 10세제곱킬로미터다. 각 변이 2.1킬로미터인 정육면체를 채우는 양이다. 이는 세계 강수량의 1,000분의 10에 지나지 않고, 지구에서 흐르는 푸른 물의 겨우 1,000분의 4다. 그래서 가까운 미래에 식수가 고갈될 위험성은 없으며, 특히 어느 정도는 여러 차례 마실 수 있기 때문에 더더욱 그렇다. 그러나 많은 지역에서 식수의 질이 문제가 되고 있다. 예를 들어 공업이나 비료·농약 등으로 인한 푸른 물의 오염은 그만큼 식수 자원을 감소시키고, 처리 비용을 높이거나 아랄 해에서 드러난 것과 같은 건강 문제를 일으킨다.

위생용 물

건강한 삶의 조건은 적절한 위생, 깨끗한 음식과 의복, 쓰레기 처리와 이후 가급적 포괄적인 쓰레기 분해 및 영양분으로의 전환 등을 전제로 한다. 중세와 근대 초에 유럽을 괴롭히고 수백만 명의 목숨을 앗아갔던 심각한 콜레라와 티푸스를 비롯한 각종 전염병을 퇴치하기 위해서는 전제 조건이 있다. 당시에도 증가하는 인구에 적절한 위생을 제공하고 쓰레기 처리와 분해를 보장하는 데 빗물을 통한 배설물 처리와 냇물과 도로를 활용한 자연적인 수송로만으로는 충분치 않았다. 오늘날 마을과 도시, 특히 인구밀도가 높은 곳에서는 물 공급망, 수로 체계, 하수 처리 시설 등이 갖춰져야만 위생 조건이 충족됐다고 할 수 있다. 이는 최소 1인당 하루 20~40리터로 추산되는 물 흐름이 있어야 작동된다. 식수 필요량의 5~10배가 되는 양이다.

1인당 하루 20~40리터의 물 소비는 건강하고 품위 있는 생활을 꾸려나가는 데 필요한 최소한의 양이다.(Falkenmark, 2004) 이를 위해 전 세계의 강에서 1.5~3퍼밀의 물이 소비된다. 이 가운데 큰 부분은 사용 뒤에 강으로 돌아가 적절하게 정화될 것이다. 물이 훨씬 적은 지역이 있긴 하지만, 사람이 언제 물을 다 써버릴까 하는 질문에는 해답이 나와 있다. 65억 명의 세계 인구가 식수와 기본적인 위생 하수에 필요로 하는 물은 지구가 쉽게 공급할 수 있다. 다음 세기에 인구가 2배가 되더라도, 활용할 수 있는 푸른 물의 1퍼센트도 쓰지 못할 것이다. 쓸 수 있는 푸른 물의 양이라는 문제에 관한 한, 식수와 위생 하수는 가까운 미래에는 보장된다. 일단은 매우 안심이 되는 전망인 것 같다.

그러나 흔히 그렇듯이 현실은 지구 차원의 고려와는 큰 관련 없이 지역적 문제로 나타난다. 사람은 지역적으로 영향을 받는다. 따라서 현실은 앞에서 언급한 안심되는 그림과는 큰 거리가 있다. 2004년 현재 약 26억 명의 인구가 기본적인 위생 시설이 갖추어지지 못한 환경에서 살고 있으며, 그래서 건강한 생활에 필요한 최소한의 물에 접근하지 못하고 있는 실정이다.(WHO/UNICEF, 2004) 기본적인 위생 시설은 하수 체계, 깨끗한 식수 체계와 연계되며, 수세식 화장실이나 적어도 오수통을 갖춰야 한다. 독일 등 중부 유럽에 사는 사람들이 볼 때 이는 대단하다거나 특별한 일이 아니다. 이런 기본적인 시설을 갖추지 못한 사람 가운데 75퍼센트인 20억 명은 아시아에, 18퍼센트는 아프리카에, 5퍼센트는 라틴아메리카와 카리브 해에 거주한다.

물을 얻을 수가 없어 이런 일이 생기는 건 아니다. 매우 건조한 지역에서조차 마실 물과 위생용 물은 충분하다. 부족한 것은 지속적인 방식으로 시스템을 작동시킬 수 있는 시설과 도시 하부구조다.

지난 수십 년 동안 이들 지역에서 이런 문제를 해결하기 위해 많은 일을 했으나 아직 충분하지는 않다. 1990년과 2000년 사이에 약

10억 명이 이런 서비스를 제공받았다. 그 결과 세계적으로 생활조건을 향상시키려는 국제적 노력은 아주 성공적이었다. 하지만 인구의 폭발적 성장은 이 성공을 압도해 왔다. 10년 동안 부단히 노력해 왔음에도, 불행하게도 그 결과는 전체적으로 볼 때 10억 명이 더 깨끗한 물을 이용할 수 있게 된 것이 아니라 1990년에 비해 2000년에는 깨끗한 물을 이용할 수 없는 인구가 5억 명 더 늘었다는 것이다. 시시포스처럼, 여기서 우리는 급격하게 늘어나는 세계 인구와 맞서 싸우고 있다. 지난 10년간 아주 많은 것을 이뤘지만 개선된 것은 거의 없다. 그 결과, 남부 아프리카에서는 열악한 위생 조건으로 고통받는 인구가 1990년 32퍼센트에서 2002년에 36퍼센트로 증가했다. 반면 오세아니아에서의 높은 수치는 1990년과 2000년 사이에 크게 감소했다. 아울러 동아시아 역시 큰 진전을 봤다.(SIWI, 2004)

하루 20~40리터라는 푸른 물이 최소치 아래로 떨어져 열악한 위생 조건으로 고통받는 것은 극적인 결과를 낳는다. 깨끗한 물과 위생 시설, 최소 수준의 기초 위생에 접근할 수 없음은 수인성 질병을 초래한다. 여기에는 무엇보다도 콜레라·장티푸스·이질과 같은 바이러스성 설사병, 소아마비와 A형 간염 같은 바이러스 질병, 다양한 기생충 질병, 등이 포함된다. 수인성 질병은 발전도상국에서 건강을 위협하는 세 번째 요소로 꼽힌다. 게다가 영양실조로 인한 저체중이 세계적으로 건강을 위협하는 최대 요소인데, 이조차도 흔히 비위생적인 물과 열악한 위생 환경이 원인이 된다. 식수와 위생이 좋지 않을 때의 가장 흔한 결과는 설사병이다. 영양실조로 고통받는 어머

니들은 설사병으로 체력이 떨어져 자녀들을 돌볼 수가 없다. 많은 어린이가 이 설사 때문에 영양을 유지할 수 없어서 굶어 죽는다. 해마다 밀접하게 연관된 세 가지 요인으로 인해 약 230만 건의 죽음이 초래된다. 비위생적인 물과, 위생 시설의 미비, 기초 수준의 위생 부재가 그것이다. 특히 이렇게 죽는 사람의 90퍼센트가 다섯 살 이하의 어린이라는 것은 비극이다.

최근 한 연구(Fewtrell, 2005)는 깨끗한 물과 위생 시설, 기초 위생의 도입 효과를 분명하게 보여줬다. 퓨트렐은 각 조처가 설사병으로 인한 사망률을 얼마나 줄이는지를 조사했다. 그 결과는 다음과 같다.

- 물 공급 개선은 설사병으로 인한 사망률을 6~25퍼센트까지 줄인다. 이는 특히 콜레라와 장티푸스 같은 가장 위험한 질병에 대해서 그렇다.
- 위생 시설의 개선은 설사병으로 인한 사망률을 32퍼센트까지 줄인다.
- 교육을 통해 손 씻기를 강조함과 더불어 위생 조건을 개선하면 사망률을 45퍼센트까지 줄인다.
- 현장의 소독, 끓이기, 깨끗한 저장 등 최종 사용자가 취하는 조처를 통해 식수의 질을 개선함으로써 설사병으로 인한 사망률을 추가로 35퍼센트까지 줄인다.

이런 수치들은 물의 질, 위생 시설, 기초 위생이 개인의 건강에 얼

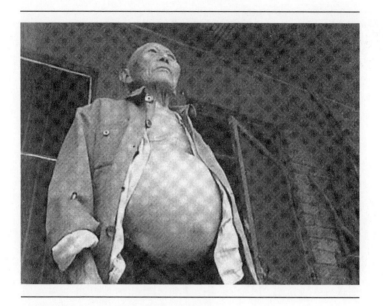

그림 25 주혈흡충병에 감염된 중국 장시성의 어부(W. B. Zouh)

마나 긍정적인 효과를 낳을 수 있는지를 직접적으로 보여준다. 위생 조건을 개선함으로써 볼 수 있는 긍정적 영향은 설사병을 넘어선다. 물 공급, 위생 시설, 기초 위생 등의 개선이 주민의 건강에 긍정적 영향을 끼치는 것을 확인할 수 있는 질병 상황이 여섯 가지나 더 있다.

전 세계적으로 볼 때 이들 질병 또한 중요하다. 주혈흡충에 감염된 사람이 1억 1000만 명에 이르는 것으로 추산된다. 주혈흡충병(빌하르츠 주혈흡충이나 스네일 피버로도 알려져 있다.)은 여러 종의 디스

질병	4살 미만 어린이의 사망자 수(백만 명)	전체 사망자(백만 명)
호흡기 질환	2.4	4.35
설사병	2.1	2.3
말라리아	1.6	1.7
에이즈	0.45	3.3
결핵	0	2.1

표 7 2002년 발전도상국에서 4살 미만 어린이의 사망 원인과 전체 사망자 수(SIWI, 2004)

토마(편형동물)가 원인인 기생충 질병으로, 주로 어부와 벼농사 농부를 감염시킨다. 이는 그림 25에서 보듯이 내부 장기에 침입해 고통스럽게 만든다. 약 1억 3300만 명이 회충·편충·십이지장충에 감염돼 고통받고 있으며, 이에 따라 흔히 심각한 이질·빈혈·폐렴 등과 같은 극단적인 결과를 낳는다.

　세계적으로 수인성 질병은 인류의 최대 위협 가운데 하나다. 표 7을 보면 세계적으로 결핵과 말라리아보다 설사병으로 인해 더 많은 사람이 죽는다. 그리고 비극적이게도 사망자의 대부분이 어린이다. 설사병은 흔히 다른 질병과 함께 발생해 환자를 더욱 취약하게 만든다. 게다가 형편없는 위생은 흔히 환자들을 돌봐야 하는 친인척들에게도 영향을 끼친다.

　수인성 질병으로 인한 최악의 피해는 단연코 그 병으로 고통받는 수백만 명과 관련이 있다. 오염된 물로 인한 설사, 그에 따른 신체 쇠약은 가난을 키운다. 이는 병에 걸린 친인척을 돌봐야 하는 노동력,

특히 여성들을 붙들어 맨다. 게다가 여성들은 매일 멀리까지 가서 물을 길어 오도록 강요받는다. 또한 어린이들은 설사가 계속되면 교육받을 기회조차 놓치고 그만큼 성공적인 미래를 위한 기회도 줄어든다. 그래서 많은 지역에서 설사병은 흔히 거의 희망 없는 악순환의 출발점이 되기도 한다. 이는 부적절한 기초 위생에서 시작해 부모의 비생산적인 노동을 낳으며, 병에 따른 조기 사망이나 어린이 질병과 부진한 교육이 뒤따른다. 이들 어린이가 자라서 가족을 이룬다 하더라도 가난은 예정돼 있으며 그 결과 부적절한 위생이 다시 되풀이된다.

그래서 사람에게 하루 20~40리터의 물이 필요하다는 간결한 진술 이면에는 숨겨진 중대한 관점이 있다. 우리의 수자원이 얼마나 충분할까 하는 문제는 식수와 적절한 위생을 위한 물의 공급과 관련해, 무엇보다 수질의 문제이고, 그다음에야 물의 양이 문제가 된다. 세계적으로 수십억 명이 더러운 물로 고통받고 있다. 그래서 이들이 앞으로 갈증으로 죽을지도 모른다는 우려는 그 전에 수인성 질병으로 죽는다면 중요하지 않게 된다.

산업용 물

산업 생산물의 제조는 많은 면에서 물에 의존한다. 물은 맥주 양조처럼 농업 생산물을 정제하는 데 쓰이는 에너지를 만들어내기 위해 사용된다. 또 에너지·철강 산업 등의 중간 과정에서 냉각용으로 사용된다. 반도체 산업에서처럼 물품 세척용으로도 사용되고 산업 폐기물을 처리하는 데도 이용된다.

공장에서의 푸른 물 사용은 거의 독보적이다. 산업용 물 사용의 주된 형태는 화력발전 냉각, 에너지 생산, 종이·셀룰로오스 생산, 시멘트 생산, 원유 정제 등이다. 이런 산업 과정에서 완전히 소모되는 물의 양은 많지 않다. 주로 물의 구성과 속성이 바뀐다. 이런 변화는 데우기와 가정 쓰레기 처리와 같이 해가 없는 것에서부터 공장에서 배출되는 하수에 산acid과 노폐물이 쌓이는 것까지 다양하다. 이 경우 상류 지역과 하류 지역의 관계가 매우 중요하다. 특히 상류 지역의 물을 사용하거나 오염시키면 하류에서는 더 이상 물을 사용하기 어려울 수 있다. 상·하류의 사용자가 같은 기업에 속한다면 생산 공정에서 같은 물을 여러 차례 사용하기에 아주 적합하다. 이런 경우 이미 많은 기업에서 하고 있듯이 비용 대비 효과는 물의 오염과 정화 비용에 대한 포괄적인 비용-편익 분석으로부터 끌어낼 수 있다. 물을 되풀이해서 사용할 수 있는 정도, 곧 특정한 물의 재사용 횟수는 분야와 사용 기술에 크게 의존한다. 극단적인 예로 독일 바이에른 주 잉골슈타트에 있는 아우디 자동차 공장의 경우 자동차 생산에 사용한 물의 98퍼센트 이상이 재사용된다.

표 8은 독일의 여러 산업에서 물의 재사용률이 역사적으로 발전하고 있음을 보여준다. 석유·석탄 산업의 재사용률은 중공업의 그것보다 3배쯤 높다. 표 8은 또한 재사용률이 독일에서 지난 수십 년 동안 얼마나 높아졌는지를 인상적으로 보여준다. 이는 특히 냉각용

연도	제지	화학	석유·석탄	중공업	가공 공업
1954	2.4	1.6	3.3	1.3	1.8
1959	3.1	1.6	4.4	1.5	2.2
1964	2.7	2.0	4.4	1.5	2.1
1968	2.9	2.1	5.1	1.6	2.3
1973	3.4	2.7	6.4	1.8	2.9
1978	5.3	2.9	7.0	1.9	3.4
1985	6.6	13.2	18.3	6.0	8.6
2000	11.8	28.0	32.7	12.3	17.1

표 8 독일 산업의 여러 분야에서 특정한 물이 다시 사용된 양을 보여주는 '물의 재사용률'(WBGU, 1997)

으로 사용된 물에서 폐열을 회수해 이용하는 것이 증가한 데 따른 것이다. 냉각 과정에서 사용된 물은 열을 제거한 뒤 아무런 문제 없이 냉각용으로 다시 쓸 수 있다.

생산 공정의 물 사용을 조사해 보면, 전체 공정에서 물을 다루는 적합한 기술이 동시에 발전한다고 할 때의 비용-편익 분석이 재사용률의 큰 증가로 나타남을 알 수 있다. 이는 상류와 하류의 이해관계 조정을 포함해 수자원에 대한 포괄적 관리가 이뤄진다면 세계적으로 강물의 재사용률이 얼마나 높아질 수 있을지에 대한 첫 번째 증거다.

생산 공정마다 물이 오염되는 정도에 차이가 나는 데다 산업도 다양하기 때문에 자연히 물 소비량을 양적으로 밝혀내는 것은 어렵다. 그 수치는 발전도상국의 1인당 연간 10세제곱미터 이하에서부

직접적인 물 소비(1인당 연간 m³)			
	미국	유럽	아프리카
가정	100	57	10
서비스업	140	35	8
공장	126	140	7
합계	366	232	25

표 9 지역 및 부문별 직접적인 물 소비(Falkenmark, 2004)

터 선진국의 140세제곱미터까지 걸쳐 있다. 서유럽 고도 산업국의 산업용 물 소비는 주로 재사용 증가로 인해 감소하고 있다. 서유럽에서 산업용 물 사용이 크게 감소한 다른 이유는 물 집약적인 산업들이 생산의 일부를 중국·인도·브라질·남아프리카공화국 등의 신흥국으로 이전한 데 있다. 산업용 물 사용에 대한 가장 믿을 만한 평균치는 1인당 하루 130리터로, 이는 시클로마노프(2000)의 분석에 기초한 것이다.

이 장에서는 우리 인간이 품위 있고 건강한 생활을 위해 얼마나 많은 물을 필요로 하는지 살펴보려 했으며, 하루 20~40리터라는 양을 제시했다. 평균해서 이는 연간 약 11세제곱미터가 된다. 지구촌의 다른 지역에서 실제의 직접적인 물 소비는 어떨까? 이는 표 9를 보면 알 수 있다.

이들 수치는 선진국의 각 가정에서 필요한 양과 실제 사용된 양이 크게 다름을 보여준다. 아프리카에서 가구당 평균 물 소비량은 1인당 연간 10세제곱미터다. 이는 최소한의 필요량인 1인당 연간

11세제곱미터와 거의 일치한다. 이는 현실적으로 아프리카인들이 매 순간 물을 너무 적게 사용하고 있으며, 따라서 최소치 이상으로 더 사용해도 좋다는 것을 뜻한다. 유럽 가구의 물 사용은 최소치의 5배이며 미국에서는 10배에 이른다. 이 세 지역 모두 사용하기에 충분한 물이 있다. 유일한 차이점은 지구촌 각 지역의 발전 정도다.

요약하면, 다음과 같다.

1. 우리의 건강은 마실 물과 위생용 물을 충분히 확보함으로써 위생 조건을 확실히 함에 따라 상당 부분 결정된다.

2. 지구의 생명 유지 시스템은 인간이 품위 있게 사는 데 필요한 마실 물과 위생용 물을 쉽게 제공할 수 있다. 지금 우리는 세계적으로 획득할 수 있는 푸른 물의 1퍼센트 이하를 사용한다. 그래서 지금 모든 사람에게 적절한 마실 물과 위생용 물의 공급을 보장할 충분한 물이 있다. 여기에는 통상적인 예측에 따른 세계 인구 증가분도 포함된다.

3. 강수량이 적은 지역에서조차 마실 물과 위생용 물은 부족하지 않다. 문제가 있다면, 부적절한 분배 체계와 잘못된 관리 때문이다.

4. 지구촌에 사는 26억 명 인구의 향후 발전 가능성은 깨끗한 마실 물과 위생 시설, 그리고 개선된 기초 위생에 접근할 수 있을지 여부에 달려 있다. 이는 물이 적다는 데 문제가 있는 게 아니라 위생적인 물을 공급하는 데 쓸 돈이 너무 적은 데다 정치적 책임감이 너무 적다는 데 문제가 있다.

식량을 위한 물

"우리의 수자원이 얼마나 오랫동안 남아 있을 것인가"라는 이 책의 핵심 질문을 놓고 마실 물과 위생용 물에 관한 한 놀랍게도 분명하고 긍정적인 답변이 내려졌다 하더라도, 식량에서는 그렇게 분명하고 단순하지가 않다. 따라서 앞 장의 설명으로 돌아가 보자. 거기서 주된 질문은 인류가 지구촌의 토지 이용을 어떻게 그리고 어느 정도로 규제할 수 있는가, 곧 푸른 물과 녹색 물의 흐름을 어떻게 그리고 어느 정도로 규제함으로써 빗물을 대기와 강으로 보낼 수 있는가 하는 것이었다. 우리는 곡물·채소·육류 등을 생산하기 위해 토지 이용이 바뀌었다는 것을 알았다. 식물의 증산작용을 통한 녹색물 흐름이 곡물과 그에 따른 식량의 증대를 보장한다.

푸른 물과 녹색 물의 흐름에 대한 논의를 잠시 접어두고 하루의 칼로리 섭취를 위해 얼마나 많은 물이 필요할까 하는 문제를 살펴보자. 일단 그 물이 어디서 오는지는 무시한다.

1996년 세계식량정상회의 World Food Summit: WFS를 준비하면서 유엔세계식량농업기구 FAO ▪는 단순하지만 명쾌한 추정치를 내놨다. FAO는 지구촌의 모든 사람이 건강한 생활에 필요한 식량을 구할 수 있다고 전제했다. 균형 잡힌 식사와 평균적인 신체 활동을 위해 사람은 매일 약 3,000킬로칼로리를 필요로 한다. FAO에 따르면 균형 잡힌 식사는 2,400킬로칼로리의 식물성 음식과 600킬로칼로리의 동물성 음식으로 이뤄져 있다. 적어도 한 세대 동안 이런 동물성 음식의 비율은 중부 유럽인을 기준으로 할 때 너무 낮았다. 우리는 더 많은 고기를 먹고 있기 때문이다. 그러나 이 많은 육류가 균형 잡힌 식사의 필요조건은 아니므로 FAO의 추정치를 사용하겠다.

표 4는 증산작용을 통해 초목이 건조한 바이오매스를 만들어내는 데 녹색 물 흐름이 직접적으로 연계돼 있음을 보여준다. 그러나 만들어진 건조한 바이오매스의 크기는 생산된 식량의 최종 양과 일치하지 않는다. 우선 수확을 하고 남은 식물의 물질, 곧 줄기·가시·뿌리 등을 빼야 한다. 이들은 이산화탄소로 만들어진 바이오매스로 계산되지만 사람이 소화할 수는 없다. 이런 남은 물질이 수확의 큰 부분을 차지한다. 보통의 곡물에서, 생산된 바이오매스의 3분의 2까지 된다. 실제 수확은 바이오매스의 3분의 1뿐이다. 그래서 예를 들어 밀가루 1킬로그램을 얻기 위해서는 3배의 물이 곡물에 필요하다. 이는 대략 증발되는 물 1,500리터에 해당한다.(FAO, 1999) 그래서 예나 지금이나 곡물 재배의 목표 가운데 하나는 생산량에 비해 수확하고 남는 물질의 비율을 줄여 식물의 물 효율을 향상시키는 것이다. 이제 고효율의 밀은 수확된 전체 바이오매스의 50퍼센트 이상을 차지하는데, 이를 '수량지수가 50 이상이다'라고 말한다.

표 10은 여러 작물의 물 소비에 대한 것이다. 이 표는 1,000킬로칼로리의 식량을 만들어내기 위해 증발돼야 하는 물의 양을 보여준다. 예를 들어 위에서 언급한 대로 1킬로그램의 밀가루를 만들어내려면 1,500리터의 물이 증발돼야 한다. 밀가루 1킬로그램의 영양가가 3,200킬로칼로리이므로, 1,000킬로칼로리의 식량을 만들려면

농작물	녹색 물 소비(리터/kg)	녹색 물 소비((리터/1,000kcal)
밀가루	1,500	470
구근류(감자 · 고구마 등)	700	780
사탕수수	150	490
콩류	1,900	550
유지식물	2,000	730
식물성 기름	2,000	230
채소	500	2,070
평균		530

표 10 다양한 농작물을 생산하는 데 필요한 녹색 물

470리터의 물 증발이 필요하다. 다른 곡물과 비교해 보면, 곡물에 따라 물의 양에서 큰 차이가 눈에 띈다. 예를 들어, 230리터의 물로 1,000킬로칼로리의 식물성 기름을 만들 수 있는 반면, 1,000킬로칼로리의 채소는 2,000리터 이상의 물이 필요하다. 표의 마지막 줄에서 보듯이, 1,000킬로칼로리의 농작물을 생산하려면 약 500리터의 물 증발이 필요하다. 따라서 사람이 매일 농작물로부터 섭취해야 하는 2,400킬로칼로리를 얻기 위해서는 1,200리터의 물이 매일 증발돼야 한다.

FAO의 추정치에 따르면 동물의 고기로 1,000킬로칼로리를 얻기 위해서는 4,000리터의 물이 증발돼야 한다. 그래서 같은 양의 육류를 생산하는 데 필요한 물의 양은 곡물에 비해 8배나 된다. 그리고 FAO가 추산한 이 평균치는 정말 낙관적인 수치다. 실제로는 동물을 우리에서 길러야만 이런 낮은 수치가 나올 수 있다. 우리에서는 자유롭게 움직일 수 있는 공간이 제한되기 때문에 동물들은 체중을 늘리고 먹이를 많은 양의 젖과 고기로 바꾸기 위한 최적의 외부 조건을 갖는다. 방목하는 동물은 이동의 자유에다 있을 수 있는 더위와 추위의 부담으로 인해 훨씬 많은 양의 녹색 물이 필요하다. 이 경우 1,000킬로칼로리의 고기에 1만 7,000리터나 되는 물이 필요하다.

왜 고기를 얻기 위한 축산과 농작물 재배 사이에 녹색 물 사용에 있어 이렇게 엄청난 차이가 있는 것일까? 고기 생산의 원재료는 식물이다. 동물은 식물을 소비해 생명 유지에 필요한 에너지의 주된 부분을 얻는다. 먹이에 포함된 에너지의 작은 부분인 약 10퍼센트가 동물의 성장에 기여하고 그 결과 육류가 된다. 그래서 사료 식물의 물 소비가 적다고 하더라도 600킬로칼로리의 육류를 생산해 내려면 매일 2,400리터의 녹색 물이 필요하다.

한 사람이 건강하고 균형 잡힌 식사를 하기 위해서는 모두 합쳐 매일 3,600리터의 물 또는 연간 1,300세제곱미터의 물이 필요하다. 이 수치가 어떻게 산출됐는지를 보면 알 수 있듯이, 이것은 모든 사람에게 식량 공급을 보장하려면 사용해야 하는 녹색 물에 대한 정말 단순하면서도 현실적인 추정치다.

이 수치는 무엇을 뜻하는가? 매일 3,600리터라는 수치를 마실 물과 위생용 물의 최소치와 하루 160리터라는 산업용 물 사용과 비교하면, 사람이 식량 공급을 보장받는 데 필요한 물이 지나치게 많아

보인다. 우리가 식량 공급을 보장받으려면 기초 위생 확보와 비교해 약 25배의 물이 필요하다. 더 심각한 것은 식량 공급에 필요한 물이 마실 물과 위생용 물로 사용되는 것과는 근본적으로 다르다는 사실이다. 이는 녹색 물을 기발하게 되풀이해서 사용해 농업 생산 시스템의 역량을 더 확장하려 하더라도 모든 가능한 방법이 막혀 있다는 데 기인한다. 똑같은 물이 증발용으로는 다시 쓰일 수 없다는 게 기본 원칙이다. 이는 푸른 물과 대조를 이룬다. 푸른 물은 잘 조정하면 거의 필요한 만큼 되풀이해서 사용할 수 있다.

단순화한 이 FAO 추정치가 얼마나 현실적일까? 피터 글레익(2000)은 지구 수자원과 세계 식량 공급의 연관 관계에 대해 훨씬 포괄적인 조사를 했다. 그는 개인이 균형 잡힌 식단을 유지하기 위해 얼마나 많은 물이 필요한지를 따지지 않고, 대신 실제로 얼마나 많은 식량이 생산되며 그것이 어떻게 소비되는지를 추정했다. 그렇게 함으로써 각 지역의 다른 식사 습관을 계산에 넣었다. 그 결과 식량 생산에 필요한 실제의 평균 물의 양은 1인당 연간 약 1,200세제곱미터로 나왔다. 이는 오늘날 지구촌의 세계 인구가 균형 잡힌 식단에 필요한 것과 거의 일치하는 양의 물을 쓰고 있음을 뜻한다.

그래서 모든 게 잘되고 있다는 것인가? 우선 긍정적 측면을 살펴보자. 대체적으로, 오늘날에는 지구의 전체 인구를 먹여 살리기 위해 이미 충분한 녹색 물이 사용되고 있다. 곧, 지구는 필요한 만큼의 녹색 물을 마음대로 쓰고 있다. 그러나 현재의 수자원 사용이 얼마나 지속가능한지에 대해서는 알 수가 없다. 이제 부정적 측면을 살

퍼보자. 식량 생산을 위해 쓰이는 녹색 물 흐름에 대해 좀 더 엄밀하게 생각해 본다면 지역적으로 큰 차이가 있다. 식량 공급을 보장하기 위해 북아메리카인들은 1인당 연간 1,800세제곱미터, 유럽인들은 1,600세제곱미터를 쓰는 반면, 아프리카와 아시아의 여러 지역은 600에서 900세제곱미터만을 사용한다. 그래서 식량 생산을 위한 녹색 물 흐름의 세계 평균치가 만족스럽게 보이는 것이다.

물과 생활양식

선진국과 발전도상국의 물 사용이 이렇게 크게 다른 것은 식단 차이의 결과이다. 선진국의 칼로리 섭취에서는 육류가 약 30~35퍼센트를 차지해 녹색 물 소비를 끌어올리는 반면 가장 가난한 발전도상국에서는 칼로리 섭취에서 매우 낮은 수치를 보인다. 이들 지역에서 증발 물의 수치는 1인당 연간 600~900세제곱미터이지만 여기에는 약 8억 명의 영양 결핍 인구가 감춰져 있다. 그래서 발전도상국에서는 식량 생산을 위한 물 사용이 늘어나야 한다. 건강한 식단을 보장하는 데 필요한 물 소비, 다시 말해 적어도 1인당 연간 1,300세제곱미터의 증발 물이라는 목표를 이루려면, 앞으로 북아메리카와 유럽의 선진국이 식량 생산용 물 소비를 줄이고 자신의 식사 패턴을 바꿔야 한다는 것은 자명하다. 이런 일이 이미 일어나기 시작했다는 증거가 있다. 유럽의 많은 나라에서 칼로리 섭취량이 점진적으로 감소하고 있다. 나아가 서유럽에서 육류 소비 역시 감소하

	연간 1인당 물 소비(m³)			
	목표치		실제	
	발전도상국	선진국	평균	범위
식량	1,300	1,600	1,200	600~1,800
가정	40	40	30	20~40
산업	130	130	130	10~140
합계	1,470	1,760	1,360	630~1,980

표 11 개도국과 선진국의 실제 물 소비와 목표치(Falkenmark, 2004)

고 있다. 이런 추세는 그동안 고기를 너무 많이 먹어 건강에 문제가 생긴다는 인식이 커진 데 따른 것이다. 그러나 식량 생산용 물 소비가 줄어든다는 이런 최초의 희미한 신호가 있다고 해서, 현재의 1인당 연간 1,700세제곱미터의 물 소비가 곧 바람직한 수준인 1,300세제곱미터로 감소할 것이라고 낙관할 수는 없다. 실제로 표 11에서 보듯이, 발전도상국의 물 소비는 1인당 연간 1,300세제곱미터로 늘어나고 선진국은 1,600세제곱미터가 될 거라는 게 더 현실적일 것이다.

표 11은 우리 인간의 물 소비를 두 측면에서 보여준다. 어디에서 살든 건강하고 위생적인 생활을 위해 필요한 물 소비(목표치)와 현재의 물 소비(실제)가 구별돼 있다. 또 지구촌 다른 지역의 실제 물 소비를 세 영역으로 나눠서 보여준다. 이 차이는 순전히 인간이 식량 생산을 위해 다른 문화권에서 살면서 다른 생활양식으로 물 소비를 하고 있기 때문이다.

건강하고 균형 잡힌 식단을 위한 상대적으로 간단한 FAO의 기초적인 물 소비 추정치는 1인당 연간 1,300세제곱미터다. FAO는 이미 건강한 식단이 채식과 육식의 균형을 갖춰야 한다고 상정했다. 순수한 채식주의자나 순수한 비채식주의자나 모두 국제적인 검토에서 볼 때 비현실적이다. 균형 잡힌 식단을 제공하기 위해 필요한 물 소비를 분석하려면, 생활양식의 차이 외에 특히 우리 문화에서 이 주제와 깊이 연관된 한 가지 사실이 아주 분명해진다. 여전히 육류 생산은 같은 양의 곡물 생산에 비해 최선의 경우에는 3배의 물을 요구하고, 최악의 경우에는 17배가 필요하다는 것이다.

곧 우리의 식단이 물 소비량을 결정한다.

식단과 생활양식이 달라지면 소비되는 물의 양이 얼마나 크게 변할까? 물 소비의 최소치는 순수한 채식주의자 식단과 일치한다. 이 경우 매일 3,000킬로칼로리를 얻는 데는 1인당 연간 550세제곱미터의 물만 있으면 되며, 이는 결국 1인당 연간 1,300세제곱미터라는 권장치의 42퍼센트에 불과하다. 그래서 세계 인구가 다 채식주의자로 바뀌면 지금의 물 소비를 절반으로 줄일 수 있다. 이 경우 (순전히 이론적이지만) 세계 인구가 갑절로 늘어나도 된다. 이렇게 보면 상황이 낙관적으로 보인다.

반면 최대한의 물 소비는 하루의 칼로리 섭취 가운데 40~50퍼센트가 육류에서 온다는 것을 뜻한다. 이는 본질적으로 인류 다수의 희망사항과 일치한다. 미국, 오스트레일리아, 유럽에서 우리는 확 트인 넓은 지역에서 풀을 뜯으면서 방목으로 키운 소의 등심 스테이크가 접시 가득히 나오는 것을 꿈꾼다. 이는 흔히 '황야의 서부'라는 낭만과 뒤섞인다. 동남아시아 사람들은 매일 베이징오리 요리를 꿈꾸고, 중동에서는 매일 살과 즙이 많고 부드러운 양고기가 그 자리를 차지한다. 인도인들은 예외다. 대부분 그들의 식단은 전통적으로 채식으로 차려진다.

육류가 풍부한 식단을 위해서는 1인당 연간 1만 2,000세제곱미터의 녹색 물 사용이 필요하다는 사실을 간단한 계산으로도 알 수 있다. 이는 순수한 채식주의자의 식단을 위한 물 소비량의 24배에 이르고 FAO 물 소비 추정치의 10배다.

나는 육류가 풍부한 식단을 선택했음을 주저 없이 인정한다. 그리고 내가 자기중심적이라고 느낄 필요도 없다. 최근 선진국들에서 대규모로 이뤄진 현장 조사에 의하면 인구의 다수가 비슷한 선택을 했기 때문이다. 20세기 후반 선진 공업국에서 소득이 증가하면서 역사상 처음으로 육류 소비가 더는 소득의 문제가 아니게 되었다. 이는 특히 햄버거가 지난 50년 동안 전 세계의 식단을 점령한 것을 보면 분명해진다. 햄버거는 육류가 풍부한 식단의 대표 격이다. 어떤 다른 먹거리도 그만큼 성공하지 못했다. 햄버거에는 원래 약 20그램의 빵에 100그램의 햄버거 패티 쇠고기가 들어 있었다. 칼로리의 대부분은 육류에서 온다. 요새 햄버거는 고객의 요구에 따라 패티가 더 커지는 추세에 있다. 햄버거 패티 크기가 커지는 것을 제한할 수 있는 것은 햄버거의 모양새와 그것을 먹을 수 있는 우리의 역량뿐인 것 같다.

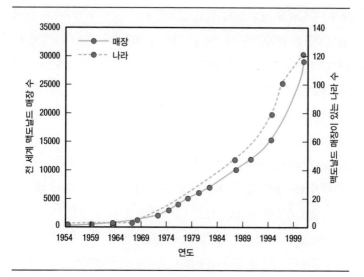

그림 26 1954년 이후 맥도날드 매장 수와 맥도날드 매장이 있는 나라 수의 변화

이제 고전적 형태의 애초 햄버거로 돌아가 보자. 20그램의 빵을 생산하려면 20리터의 물이 필요하다. 독일에서 100그램의 육류를 만들어내려면 축산 유형에 따라 다르겠지만 3,500에서 7,000리터의 녹색 물이 필요하다. 남아메리카의 조방적 방목에서는 더 많은 물이 필요하다. 이 예는 생활양식이 지구의 녹색 물 자원 사용을 얼마나 지배하는지를 다른 어떤 사례보다 잘 보여준다. 앞으로 햄버거를 먹을 때는, 당신이 일반적인 욕조의 35배 크기의 욕조에 가득 차 있는 물을 소비하고 있다고 생각해 보길 바란다.

햄버거의 지구 정복을 보여주는 한 지표로, 그림 26은 지난 50년 동안 맥도날드 매장 수와 맥도날드 매장이 있는 나라의 수가 크게 늘어났음을 보여준다. 이 곡선은 인구 증가율보다 기울기가 훨씬 더 가파르다. 이 패스트푸드 체인은 1995년과 2003년 사이 단 8년 만에 매장 수를 2배로 늘렸다.

그림 26은 지난 50년 동안 맥도날드 매장 수가 크게 늘어났을 뿐 아니라 이런 종류의 음식을 파는 나라의 수 역시 늘어나 이제 120개국에 이르렀다는 점에서 충격적이다. 기존의 문화적 장벽이 그 어떤 어려움도 없이 무너진 것 같다. 대부분의 나라에서 패스트푸드 체인의 기본 메뉴는 쇠고기를 기본으로 한다. 그림 26에 나타난 추세를 세계 음식의 미국화로 받아들여선 안 되며, 그보다는 육류가 풍부한 식단에 대한 갈망의 신호이자 선진국뿐 아니라 세계적으로 생활수준이 높아지고 있다는 신호로 봐야 할 것이다. 그러나 인도 등 몇몇 나라에서 외국계 패스트푸드 체인은 정부의 압력으로 채식 위주의 식사를 제공하거나 채식만으로 운영한다.

요약

우리 인간에게 물이 얼마나 필요한지는 이제 분명하며, 다음과 같이 말할 수 있다.

1. 마실 물과 위생용 물의 공급은 부족하지 않다. 물의 질은 삶의 질을 뜻하며, 모든 사람에게 하루 20~40리터씩 제공할 수 있다.

2. 물 소비의 주된 부분은 식량 생산이 차지한다. 적절하고 건강한 식단에 대한 세계적 합의가 도출됐으며, 균형 잡힌 식단을 위해서는 해마다 1인당 1,300세제곱미터의 물이 필요하다. 현재의 지구 시스템은 지구촌 모든 이에게 이런 규모의 물을 제공할 수 있지만, 이 물로 생산되는 식량이 지구촌 곳곳의 사람들에게 공정하게 분배되지는 않는다.

3. 우리 인간의 물 소비는 본질적으로 식단, 곧 생활양식과 소비양식에 의해 결정된다. 이는 우리가 스스로의 물 소비를 선택할 수 있음을 시사한다. 그러나 흔히 우리는 이것이 전 세계에서 특정 지역에 사는 소수의 사람들에게만 한정된다는 사실을 잊어버리곤 한다. 나머지 지역에 사는 사람들은 있는 것을 먹어야 하며 그것이 너무 적은 경우가 많다. 그럼에도 경험적으로 볼 때, 사람들은 식단에 필요한 물 소비 수준을 선택할 수 있다면 일반적으로 소비 규모가 가장 높은 쪽, 곧 육류가 풍부한 식단을 선택한다는 것을 알 수 있다.

따라서 우리는 녹색 물 흐름에 주의를 기울여야 한다. 녹색 물은 식량용 수요가 늘어나기 때문에 부족해지기 쉬우며 이미 너무 많이 쓰이고 있다. 사람은 자신의 소득, 가치 체계, 당장의 수요 등에 따라 녹색 물을 얼마나 더 쓸지를 결정할 것이다. 앞 장에서 논의한 바와 같이 지구 수자원 사용의 불균형을 줄일 수 있는 장치가 있을까? 지구가 우리에게 남겨준 물이 얼마나 될지 확정할 수 있는 방법

이 있을까? 다음 장에서는 이런 문제들을 다루고, 마지막 장에서는
미래를 내다볼 것이다.

7 가상수

우리 음식에는 많은 물이 들어 있다. 그러나 음식을 만들어내는 데도 물이 쓰인다. 이 '간접적인' 물의 양은 음식 무게의 1,000배에서 5만 배에 이른다. 게다가 물품을 만드는 데도 물이 쓰이며, 거기서도 그 무게만큼의 비율로 물이 사용되는 경우가 흔하다. 한 조사 (Williams, 2002)를 보면, 컴퓨터에 쓰이는 것과 같은 2그램의 메모리 칩을 생산하는 데 3만 2,000그램의 물이 사용된다.

지구의 생명 유지 시스템은 이미 우리에게 식량 생산에 필요한 녹색 물 흐름을 제공하고 있다. 실제 문제는 녹색 물 흐름의 분배가 지역적으로 불균형해서 과잉과 결핍이 일어난다는 것이다.

이런 지구적 불균형을 어떻게 바로잡아 부족한 지역의 물 결핍을 끝낼 수 있을까? 원칙적으로 두 가지가 가능하다.

1. 물이 풍부한 지역에서 쓰이지 않고 남은 물을 부족한 지역에

보내 식량 생산에 쓰게 한다. 이런 시도는 몇몇 경우에 이미 시행되고 있다. 오랫동안 미국 서부 콜로라도 강물의 많은 부분을 펌프로 끌어올려 파이프라인을 통해 로키 산맥 너머 캘리포니아로 공급해 왔다. 거기서는 관개용이나 식수로 쓰인다. 콜로라도 강에는 빗물과 로키 산맥 동쪽의 해빙수가 모이며, 100년 전만 해도 그 물은 넓은 강이 돼 캘리포니아 만으로 흘러들어 갔다. 이제 바다까지 가는 강물은 거의 없다. 많은 물길이 바뀌어 바다까지 가기 전에 고갈되기 때문이다. 하지만 그에 따르는 고도의 기술적 노력과 에너지 비용은 관개용 물 공급의 수익성을 크게 떨어뜨리고 있다. 게다가 이 대륙에서 저 대륙으로 많은 물을 이동시킬 수는 없다.

2. 물이 풍부한 지역에서 남는 물로 물이 많이 들어가는 물품을 만드는 데 이용해 그 물품을 내보낸다. 이렇게 물 집약적인 물품을 만들어 내보내면 그 물품의 1,000배에서 5만 배에 이르는 물을 옮기지 않아도 된다. 그래서 물 자체를 내보내는 것보다 훨씬 이익이 된다. 한 경제가 육류나 반도체 칩과 같은 물 집약적인 생산물을 다른 나라로 수출하면, 추상적으로는 그 물품을 생산하는 데 사용된 물을 수출하는 셈이 된다. 물이 수출에 쓰이지만 물 자체는 이동되지 않는다.

앞의 두 번째 항목의 물을 '가상수'virtual water라고 한다. 이 개념은 1990년대 초반 토니 앨런(Allan, 1993)이 도입했다. 이 개념을 활용하면, 수자원의 이용을 상품 생산 및 수출 속에서 생각해 볼 수 있다. 이는 특히 물이 부족한 지역에서, 있는 물을 얼마나 잘 사용할 수 있는지를 계산하는 데 중요하다. 예를 들어 건조 지역에서 그곳의 풍부한 태양에너지로부터 재생 가능한 에너지를 만들어 수출하는 데 집중하고 그 돈으로 물 집약적인 상품을 수입하는 것이 더 나을까, 아니면 이런 상품을 힘들게 국내에서 생산하고 부족한 물을 잘못 또는 너무 비싸게 써버리는 위험을 감수하거나, 더 나쁘게는 그 상품을 만들려고 물을 수입하는 게 나을까?

가상수라는 개념은 앞으로 각각 다른 전략의 비용-편익 비율을 비교하는 데 도움이 된다. 이 개념을 이용하여 물을 지구촌 전체에 걸쳐 추적할 수 있으며, 강수에서 물품 제조, 증발, 물품 사용, 폐기 등에 이르기까지 물순환 전체를 살필 수 있다.

가상수란 무엇인가

가상수는 생산물에 들어간 물이다. 1킬로그램의 밀가루를 예로 들면, 밀가루가 포함하고 있는 실제 물의 양이 아니라 그 밀가루를 생산하는 데 필요한 물의 양을 말한다. 우리의 용어로 말하면, 이미 언급했듯이 1,500리터의 증발 물이 이것이다. 가상수라는 개념은 녹색 물과 푸른 물을 결합한다. 여기서는 물의 흐름이 녹색인지 푸른색인지는 아무 문제가 되지 않기 때문이다. 똑같은 양의 가상수가 다른 목적으로 사용될 수는 없다. 1킬로그램의 밀가루에 들어간 가상수를 다른 밀가루나 반도체를 만들어내는 데 쓰는 것은 불가능하다. 이런 점에서 가상수를 마음대로 늘릴 수는 없다. 따라서 한 나라로 수입된 가상수는, 그 나라가 지구의 수자원을 얼마나 활용하는지 파악하기 위해 그 나라의 수자원에 더해져야 한다. 그래서 흔히 그렇듯 독일이 겨울에 지중해 지역 나라에서 감귤을 대량으로 수입한다면 독일 소비자는 이 나라의 수자원을 활용한 셈이다. 우리는 이 나라에서 증발된 가상수를 우리의 목적을 위해 수입하고 있으며, 이 물은 더는 다른 목적으로 쓰일 수 없다. 반면 독일의 소비자가 독일 수자원으로 반도체를 만들어 지중해 지역 나라로 수출한다면 가상수의 양은 다시 균형을 이룬다.

앞으로 가상수라는 개념을 더 나은 지구 수자원 분배를 위한 도구로 사용할 수 있도록 하기 위해 한걸음 더 나아가 보자.

예를 들어 1킬로그램의 곡식이 수요가 있는 곳에서 생산되려면 얼마나 많은 물이 사용될지 스스로에게 물어보자. 이런 접근은 그 생산물이 그 나라에서 생산될 뿐 수입되지 않는다면 얼마나 많은 물이 절약될지를 묻는 것이 된다. 이는 물이 부족한 나라에 결정적인 질문이다. 이는 물이 지구 차원에서 가장 효율적으로 사용될 수 있는 방법을 찾는 모든 생각의 출발점이다.

그러나 가상수 개념에는 문제가 있다. 한 생산물을 생산할 수 없는 나라에서 그것을 수입할 때 무슨 일이 생길까? 예를 들어 독일에서는 날씨 탓에 벼가 자랄 수 없다. 그 결과 쌀의 가상수 양은 독일에서는 결정할 수 없었다. 그런데도 그 양을 결정할 수 있으려면 벼를 대체할 수 있는 적합한 생산물을 찾을 필요가 있다. 이 토종 생산물은 성분과 영양가 면에서 벼와 비슷하고 식단에서 쌀을 대체할 수 있어야 한다. 쌀의 가상수 양이 똑같은 양의 대체물을 생산하는 데 필요한 가상수의 양보다 적다면, 세계 수자원의 보호를 위해 독일로 쌀을 수입해 독일의 수자원을 보존하는 게 더 낫다. 이런 의미에서 바다에 사는 물고기는 민물을 전혀 쓰지 않지만 가상수를 포함하고 있다는 역설적 결론까지 내릴 수 있다. 중요한 것은 바다 물고기들이 단백질 같은 영양소를 포함하고 있기 때문에 민물에서 생산된 식품을 대체할 수 있다는 점이다.

이 가상수 개념은 적어도 원칙적으로는, 거래되는 모든 물품에 대해 그것을 생산하는 데 쓰이는 물의 양이 얼마나 되고, 물을 적게 쓰는 대응 물품이 그것을 얼마나 대체할 수 있는지를 조사할 수 있게 해준다. 그래서 이는 생활양식, 물 소비, 기아, 잉여 등을 다룬 앞장의 다소 우울한 결론과 맞설 수 있는 첫 번째 도구를 우리에게 제공한다. 이 도구를 사용하면 그런 결론들을 바꿀 수 없는 것으로 받아들일 필요가 없다. 이 지구적 분석을 끝까지 하면 어떤 식량과 산업 생산물이 가상수를 가장 적게 사용하는 지역에서 생산될 수 있는지가 분명해질 것이다. 그때 이 분석의 결과는 수자원을 더욱 효율적으로 활용하여 공정하게 분배하는 데 쓰일 수 있다.

가상수 개념이 농업 및 산업 생산물에서 물이 지나가는 경로를 추적하는 데 쓰일 때는, 그 생산물, 예를 들어 오렌지나 반도체가 밭과 공장을 떠나는 시점에서 끝나서는 안 된다. 그 생산물 전체 순환의 물 경로를 지속적으로 고려해야 한다. 소비자의 손에 들어가는 과정, 소비자가 사용하면서 그리고 사용한 후 환경에 끼치는 영향, 재사용과 재활용 가능성 등을 생각하고, 사용된 물의 양뿐 아니라 그 생산물을 처분하고 최종적으로 분해하는 데 필요한 물의 양을 집어내야 한다. 모든 생산물의 수자원 사용을 이렇게 통합적으로 고려해야만 물을 가장 경제적으로 활용할 수 있게 된다.

한 생산물의 전체 순환 과정을 통한 지구적인 물 흐름 분석은 매력적이며 우리 천연자원의 사용을 생각하는 새로운 길이다. 아직까지는 초기 단계에 있지만, '물과 지속가능한 발전에 관한 더블린 선언'의 지침과 일관되게 들어맞는다. 이 도구를 사용하는 능력은 지속가능한 수자원 활용을 위한 전제 조건이다.

가상수 개념의 실제 이점은 어떤 것일까?

근본적인 이점은 가상수가 거래될 수 있다는 점이다. 이는 수자원을 확보하고, 더욱 효과적인 활용을 보장하는 데 기여해야 한다.

그림 27은 지구상의 가상수 흐름에 대한 첫 번째 추정치를 보여준다. 화살표가 출발하는 지역은 가상수의 순수출국이고, 화살표가 가리키는 지역은 순수입국이다. 순수출국으로는 북아메리카와 남아메리카, 오스트레일리아와 뉴질랜드가 두드러진다. 이는 이들 지역이 주된 육류 수출국이기 때문이다. 러시아는 가상수에서 균형을 이루고 있는 반면 중국·북아프리카·유럽은 육류와 곡물의 수입 탓에 가상수의 주된 수입 지역이다. 국제 식량 거래와 관련한 전체 가상수의 양은 2000년에 1,340세제곱킬로미터이며, 결국 이미 지구

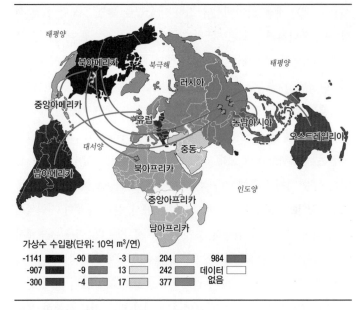

태평양

북아메리카 북극해

러시아 태평양

중앙아메리카

유럽 동남아시아

대서양 오스트레일리아

중동

남아메리카 북아프리카

인도양

중앙아프리카

남아프리카

가상수 수입량(단위: 10억 m³/연)

-1141	-90	-3	204	984
-907	-9	13	242	데이터
-300	-4	17	377	없음

그림 27 가상수의 세계적 거래(Moekstra, 2000)

표면 전체 강수량의 1퍼센트 이상이고 인간이 통제하는 녹색 물 흐름의 3퍼센트를 넘고 있다.(표 6) 농작물은 가상수 거래의 60퍼센트 이상을 차지하며, 14퍼센트는 생선과 해산물, 13퍼센트는 육류를 제외한 동물 생산물, 13퍼센트는 육류다.

가상수 수입은 제한된 수자원에 대한 압력을 줄여주며, 따라서 특히 물이 귀한 나라들에서는 물 분쟁을 줄이고, 있을 수 있는 전쟁을 예방하는 데 기여할 수 있다. 이런 일을 하는 데, 가상수는 일반적으로 새로 샘을 찾아내거나 지하 대수층을 뚫는 것보다 훨씬 적합하다. 왜냐하면 수입된 물 집약적 식량은, 분쟁으로 위협받는 물 부족 지역에서 지속가능하지 않은 샘과 대수층을 활용해 생산하는 것보다 훨씬 지속가능한 조건을 가진 나라에서 생산되기 때문이다.

경제적 차원은 정치적 차원을 따라간다. 가상수 개념은 각국이 경쟁국보다 훨씬 잘 생산할 수 있는 물품을 수출하고 그럴 수 없는 물품은 수입하도록 보장해 준다. 이런 의미에서 가상수 거래의 도입은 시장 기제를 통해 지구적 물 사용의 효율성을 높일 수 있도록 해주는 새로운 도구다. 지구적 경제체제에서, 물이 풍부한 지역에서 물 집약적인 생산에 집중하는 것은 이치에 맞는다. 이들 지역에서 물은 저렴할 뿐 아니라 강수로 지속가능하게 확보할 수 있기 때문에 지하수처럼 재생 불가능한 수원에서 추출할 필요가 없다. 또 일반적으로 먼 거리까지 옮길 필요도 없다. 게다가 많은 경우 특정한 생산물을 만들어낼 때 물이 부족한 지역에서보다 더 적은 물이 필요하다. 물 사용의 효율성이 높은 지역과 효율성이 낮아서 결정적인 장애가 되는 지역 사이의 물 거래는 '실질적으로' 물을 절약할 수 있도록 해준다.

지금 이런 절약은 얼마나 될까? 오키 등(2003)이 추정한 2000년 수치에 따르면, 가상수 거래가 455세제곱킬로미터의 물을 절약할 수 있다. 이런 절약은 주로 물 거래가 관개를 줄여주는 데 따른 것이므로 국제적인 가상수 거래는 관개용 물의 5분의 1을 줄일 수 있다는 결론이 나온다.

그래서 국가 간 및 국가 내 지역 간 가상수 거래는 돈이 많이 드는 푸른 물 수송의 대안이 될 수 있다. 미국 콜로라도 강의 경우에서처럼 집수 지역 경계 바깥으로 물을 이동시켜 관개용으로 사용하려는 요구는 점점 커지고 있다. 중국은 습한 남부에 있는 양쯔 강으로부터 건조한 북쪽 농업 지역으로 물길을 돌리려고 거대한 운하망과 펌프장을 계획하고 있다. 여기서, 곡물을 생산하는 데 남쪽의 수자원을 이용해 그것을 북쪽으로 옮기는 것이 산맥을 가로질러 물을 이동시키는 것보다 더 경제적인지 아닌지 여부를 점검해 봐야 한다.

좀 더 일반적으로 말하면, 핵심 질문은 소규모 댐을 많이 만들어 비가 많이 올 때 물을 저장해 수자원을 쉽게 확보할 수 있도록 하고 최대한의 식량을 생산하는 것이 경제적으로나 생태적으로나 더 나은지에 대한 것이다. 그렇게 하면 오랜 시간 물을 저장할 수 있는 몇 개의 대규모 댐을 만드는 대신 식량 부족에 대비해 사용할 물을 저장할 수 있으며 물이 귀할 때도 식량을 생산할 수 있다.

지금은 이미 가상수가 지구적인 식량 비축분에 저장되고 있다. 곡물, 설탕, 육류, 식물성 기름 등의 전략적 비축분에 저장된 전체 가상수를 모두 합치면 830세제곱킬로미터 규모의 가상 호수를 채울 것이다. 이는 지구상의 모든 실제 댐에 저장된 물의 약 14퍼센트에 해당한다. 만약 소와 양 등에 저장된 가상수를 더한다면 현재 지구상의 전체 가상수는 4,600세제곱킬로미터의 규모가 될 것이다. 이는 지구상의 모든 저수 시설의 77퍼센트에 이르는 엄청난 규모다. 이는 가상수가 상당한 저수 시설이 됐음을 보여준다. 가상수는 전 세계에 걸친 현재의 물 위기를 완화하고 잠재적 갈등을 진정시킬 규모다.

가상수 개념은 식량 생산물의 경우 처음으로 생명 순환 전체에 걸쳐 천연자원의 사용을 지구적으로 추적할 수 있도록 보장한다. 그럼으로써 인간의 지구 생명 유지 시스템 서비스 활용을 평가할 기회를 처음으로 제공한다. 이는 이 서비스를 거래하는 가능성과 연계돼 있다. 이는 다시 지속가능한 수자원 사용이라는 정치적 목표를 향해 일할 뿐 아니라 그것을 이뤄내는 데 시장 기제를 활용할 가능성을 열어준다.

소비와 환경적 지속가능성의 결합: 물 발자국

생산물 속의 가상수는 지구 생명 유지 시스템의 서비스를 생산에서 활용하는 것과 관련한 어떤 것을 우리에게 말해 준다. 세계 인구가 증가하고 생활이 향상되면서 앞으로 수십 년 동안 물을 사용해 생산한 물품, 곧 그 가운데 대부분을 차지하는 식량의 수요는 급증할 것이다. 그래서 가상수의 최대치에 대한 질문이 제기된다. 바꿔 말해, 물과 연관된 지구 생명 유지 시스템 서비스를 활용하는 데서 그 한계는 어디일까?

질문이 너무 학술적이고 추상적이어서 대답하기가 어려워 보인다. 그러나 '우리의 물이 언제까지 남아 있을까'라는 질문이 바로 이 책의 핵심이다.

이런 질문에 대답하려면 어떻게 출발해야 할까? 나는 인간과 자연의 공존이라는 기본 원칙을 통해 대답을 시도하고 논의를 발전시켜 나가고 싶다.

누구나 살아가기 위해서는 땅이 필요하다. 지구 시스템의 이런 기본적인 서비스는 물과 식량이 제공되기 훨씬 전에 주어진다. 그래서 지표면, 말하자면 '땅'은 천연자원이다. 그러나 땅은 물이나 산소 같은 천연자원과 똑같은 유형이 아니다. 이들과 달리 땅은 재생 가능하지 않고 순환의 한 부분이 아니며 숫자가 늘어나거나 커질 수도 없다.

물에 기초한 지구 생명 유지 시스템 서비스, 예를 들어 식수와 위생 하수의 공급, 식량 생산, 쓰레기 제거, 하수처리 등도 특정한 지표면 영역과 결부돼 있다. 이런 과정의 기초가 되는 생물학적·화학적 과정이 거기서 일어난다. 사람이 이런 서비스를 활용하면 지표면에 가상적인 발자국이 남게 된다. 이 발자국은 이 서비스 시스템에 대한 요구를 '지속가능한 수준으로' 충족시키는 데 필요한 규모만큼 크다.

그래서 어느 지역은 식량 생산에, 또 어느 지역은 쓰레기 분해에, 또 다른 지역은 하수처리에 필요하다. 이들 지역이 우리의 물 발자국이 된다. 만약 우리가 천연자원을 집약적으로 사용하는 삶을 산다면, 예를 들어 육식을 많이 한다면 채식을 하는 경우보다 더 많은 녹색 물 흐름과 지구 시스템이 그 물을 지속가능하게 제공하는 데 필요한 더 큰 지역을 활용하는 것이 된다. 발자국의 크기가 지표면을 넘어선다면 지구의 생명 유지 시스템이 더는 인류의 생존을 지속가능하게 보장하지 못하게 된다. 이 점에서 인류의 생존을 유지하는 것이 지구 시스템을 남용해 해를 끼치는 것과 불가피하게 연관된다. 그래서 물 발자국 개념은, 지표면은 궁극적으로 고정돼 있으므로 수자원 사용이 더는 지속가능하지 않을 때가 언제인지에 대한 질문에 답할 수 있도록 해준다.

물 발자국 개념과 가상수를 사용한 측정은 생태 발자국 개념과 매우 비슷하다.(Wackernagel and Rees, 1996) 현재 생태 발자국에 대한 의미 있는 연구는 미미한 편이며, 사람의 물 발자국에 대한 연구, 즉 물에 기초한 서비스의 활용이 요구하는 지역을 계산하는 연구는 거의 없다. 여기서 발트 해 연안국에 사는 한 사람의 물 발자국의 예를 제시해 본다. 발트 해 연안 지역에서는 생명 유지 시스템의 통합성이 손상되고 있으며, 물질의 자연 순환에 끼치는 사람의 영향 탓에 '그 순간'이 언제일지에 대한 질문이 특히 중요하다. 얀손 등(1999)은 이 지역에 사는 약 8500만 명을 대상으로 이 연구를 수행했다. 그들은 이 지역에 사는 사람들이 현재의 생활 조건과 소비 관행을 지탱하기 위해 사용할 땅과 수자원을 분석해 냈다.

얀손의 방법에서 물 발자국의 측정은 한 사람이 소비하는 물품에 포함된 가상수와 그가 사용하는 서비스의 분석에서 시작한다. 다음으로 가상수의 양이 그에 해당하는 면적으로 환산된다. 이는 1킬로그램의 밀가루를 생산하는 데 필요한 녹색 물을 계산하는 것에 비해 상대적으로 간단하다. 우리는 이미 한 사람이 건강한 식단을 유지하는 데 연평균 1,300세제곱미터의 녹색 물이 필요하다는 사실을 앞에서 다뤘다. 초목의 증산과 생산적인 녹색 물 흐름은 발트 해 연안 지역에서 연간 1제곱미터당 약 260리터다. 따라서 연간 1,300제곱미터의 필요 증산량을 얻으려면 이 지역의 한 사람당 그 녹색 물을 획득할 수 있는 약 4,800제곱미터를 확보해야 한다.

다른 서비스에 필요한 면적도 비슷하게 계산할 수 있다. 연료, 신문, 주택 건설, 강이나 호수를 이용한 쓰레기 처리 등을 위해서는 나무가 자랄 땅이 필요하다. 이런 면적을 합친 것이 해당 집수 지역에 사는 개인의 물 발자국이다. 전체적으로 물 발자국을 계산하기 위해 해야 할 분석은 복잡하다. 그러나 종합적으로 접근해 볼 때 이는 물과 지속가능 발전에 관한 더블린 선언의 원칙과 밀접하게 연관돼 있다. 세계적으로 지구 시스템의 지역적 역량을 파악하는 데 이런 식의 접근 방법들 모두가 아직은 충분히 만족스럽지 못하다. 주된 문제는 지속가능한 식량 생산, 에너지 생산, 쓰레기 폐기, 물 처리 등과 관련한 과정의 장기적 효율성과 수용력을 어떻게 계산할지에 있다. 지금은 인공 비료를 대량으로 쓰면 단기적으로 농업 산출량이 증가한다고 확실하게 말할 수 있다. 그러나 산출량의 이런 증가가 거꾸로 토양에 해를 주거나 생물 다양성을 감소시켜 생태계를 악화시키지 않고 얼마나 오랫동안 계속될 수 있을지는 여전히 불투명하다.

발트 해 연안 지역의 평균적 거주자에 대한 얀손의 조사 결과가 그림 28에 나타나 있다. 다섯 가지의 지구 시스템 서비스가 고려된다. 식수와 산업용수의 제공, 식량의 제공(탄수화물, 지방, 동식물 단

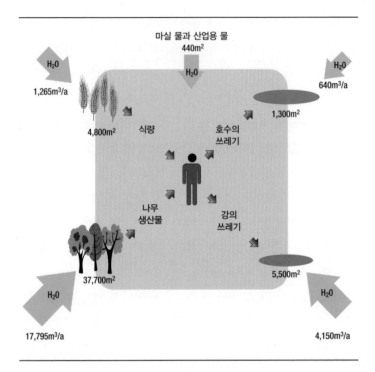

마실 물과 산업용 물
440m²

H₂O
1,265m³/a

H₂O

H₂O
640m³/a

4,800m²   식량

1,300m²

호수의
쓰레기

나무
생산물

강의
쓰레기

37,700m²

5,500m²

H₂O
17,795m³/a

H₂O
4,150m³/a

그림 28 발트 해 연안 거주자 한 명의 물 발자국. 그 지역에서 지구 시스템의 각 서비스(회색 표시)와 녹색(왼쪽) 및 푸른(오른쪽) 물 흐름을 제공하는 데 필요한 크기가 표시돼 있다. (Jansson, 1999)

백질), 나무 생산물의 제공(종이, 주택, 연료 등), 호수에 방출되는 쓰레기의 분해, 강으로 흘러들어 다른 곳으로 이동하는 쓰레기의 분해 등이 그것이다. 우선 각 서비스를 이행하는 데 필요한 땅을 계산한다. 발트 해 지역의 강수량으로는 440제곱미터의 땅만 있으면 현재의 소비 습관을 가진 한 사람의 주민에게 식수와 중수도 용수, 산업용 물을 제공하는 데 충분하다. 식량 생산은 4,800제곱미터 또는 거의 0.5헥타르의 땅을 요구한다. 난방, 주택 건설, 신문 등에 소비되는 나무 생산물을 제공하려면 3만 7,700제곱미터 땅의 바이오매스 성장이 필요하며, 쓰레기를 자연적으로 지속가능하게 처리하려면 1,300제곱미터의 호수와 5,600제곱미터의 강이 필요하다. 모두 합치면 이 지역의 거주자 한 사람이 지금의 생활양식을 유지하면서 지구 시스템이 지원하는 필요한 물 서비스를 '지속가능하게' 제공받기 위해 5만 제곱미터 또는 5헥타르의 땅이 필요하다. 이 크기는 한 해 동안 각 서비스를 제공하기 위해 각 지역에서 녹색 물 또는 푸른 물의 형태로 이동돼야 하는 물의 양을 나타낸다. 이것이 그림 28에 화살표로 표시돼 있다. 화살표는 사용된 녹색 물과 푸른 물의 크기를 각각 보여준다. 표시된 면적은 1인당 사용 면적이므로 이 모델은 지구 시스템이 뒷받침하는 물 서비스의 전체 사용과 관련해 단순하지만 현실적인 평가치를 보여준다.

그림 28에 나타난 발트 해 연안 거주자의 물 발자국은 놀랍게도 특히 나무 소비에서 높은 녹색 물의 양을 포함한다. 이는 주로 난방을 위해 나무를 태우는 에너지 소비 때문이다. 그러나 발트 해 연안 거주자의 대부분은 난방을 위해 나무를 태우기보다 화석연료를 사용하는데, 이는 지속가능하지 않다. 이 지역의 한 거주자를 대상으로 그가 지속가능한 삶을 사는 데 필요한 물 소비와 땅의 크기를 계산하기 위해 지금 사용하는 화석연료를 대체하는 데 필요한 나무

소비량을 측정했다. 앞에서 바다 물고기에 대해서 묘사했던 것처럼 석유 역시 이런 식으로 자신 속에 가상수를 포함하고 있다. 신문 종이를 만들거나 주택을 건설하기 위해 나무를 소비하는 것도 마찬가지다.

이제 발트 해 연안 지역이 '모든 주민에게 필요한 물 서비스를 현재의 생활양식 수준으로 지속가능하게 제공하는 데 충분한가'라는 흥미로운 질문이 제기된다. 아니면 이들의 현재 생활수준은 불가피하게 지속 불가능한 것일까?

간단하게 추정하면 필요한 땅의 크기는 발트 해 연안 지역의 2배 이상이라는 놀라운 결과가 나온다. 앞에서 언급한 대로 한 명의 지속가능한 생활에 5헥타르가 필요하고, 8500만 명이면 모두 합쳐 425만 제곱킬로미터가 된다. 그러나 발트 해 연안 지역의 크기는 175만 제곱킬로미터에 그친다. 그래서 이 예는 이 지역의 주민들이 자신들의 거주 지역에서 얻을 수 있는 수자원만으로는 생활양식과 소비 관행을 지속가능하게 유지할 수 없다는 사실을 분명하게 보여 준다. 따라서 이들은 가상수 수입, 곧 애초 다른 나라에서 생성된 지구 시스템 서비스에 의존하거나 지속가능하지 않은 서비스에 기대야 한다. 대개 이 서비스 격차를 메우기 위한 수입은 천연가스, 원유, 석탄처럼 재생 불가능한 화석연료로 확보된다. 그래서 지속가능성이 희생되면서 나무 생산물에 필요한 많은 지역이 상당히 줄어들 수 있으며, 발트 해 연안 국가들이 나무를 대량으로 수출하게 될 수도 있다.

지속가능한 물 서비스에 기초해 그림 28에서 보여준 필요 지역의 크기가 변할 수 없는 건 아니다. 이는 특정한 생활양식과 소비 관행의 결과다. 예를 들어 주택의 단열 효과가 좋아지거나 인터넷으로 신문을 읽어 종이가 필요 없게 된다면 나무 생산물에 요구되는 땅이 줄어들 것이다. 사용되는 나무의 양을 반으로 줄여 해당되는 땅 크기가 절반이 된다면 한 사람에게 필요한 전체 면적은 3헥타르쯤으로 줄어들 것이다. 쇠고기 소비가 증가하면 필요한 땅의 크기도 급격하게 증가해 쉽게 2배가 될 수 있다. 하지만 쇠고기 대신에 발트 해의 물고기가 주식으로 된다면 그렇게 되지는 않을 것이다. 물고기는 땅에 있는 수자원에 부담을 주지 않으면서도 아주 적은 양의 가상수를 제공할 것이다. 하수처리장의 활용 또한 강과 호수의 쓰레기 처리에 필요한 땅의 크기를 줄일 것이다. 게다가 주택 난방에 수력발전 전기를 지속가능하게 사용한다면 필요한 삼림이 줄어들게 된다.

이런 예는 마음 먹기에 따라 더 늘어날 수 있다. 이는 우리 물 발자국의 크기가 생활양식이나 매일의 습관뿐 아니라 적절한 기술의 사용과 지혜로운 물 다루기에 달려 있으며, 그래서 상당한 정도로 조직화될 수 있음을 보여준다.

8 수자원의 미래

이제 이 책의 첫머리로 돌아갈 때다. 그림 1에서 우리는 지구 수자원의 미래에 관해 스리랑카 콜롬보에 있는 국제물관리기구의 예측을 본 바 있다. 이에 따르면 2025년에 지구의 많은 지역이 경제적 또는 물리적 물 부족으로 고통받을 것이다. 경제적 물 부족은 물의 여유가 없어서 경제적 고려도 계산에 넣어야 하는 상태를 뜻한다. 이미 많은 나라가 2025년이면 이런 고통을 겪을 것이며 다른 나라로부터의 식량, 곧 가상수 수입을 강요받을 것이다. 국제물관리기구는 물리적 물 부족을, 쓸 수 있는 푸른 물의 40퍼센트 이상이 식량 생산에 사용돼 녹색 물로 바뀌고 있는 상태로 정의한다. 이제까지의 경험으로는 이 문턱을 넘어설 경우 물 부족이 촉발한 물 분쟁으로 해당 지역 주민들은 심층 지하수 끌어 올리기처럼 지속가능하지 않은 관행에 크게 의존할 수밖에 없게 된다.

앞으로 물리적 물 부족으로 영향받을 지역들이 지구상의 가장 건조한 지역에서 계속해서 발견된다는 사실은 얼핏 놀랍지 않다. 인구의 다수는 그런 지역에 살지 않으며 따라서 직접적으로 영향을 받지 않는다. 가상수, 세계적인 식량 거래와 시장의 지구화 등이 논의되는 배경과는 달리, 국제물관리기구의 예측은 수자원과 수자원의 부족을 부정확하게 평가한 게 아닐까?

무엇보다 수자원이란 여전히 근본적으로는 땅으로 떨어지는 강수다. 오직 이 양만큼의 물이 계속해서 갱신돼 지속가능하게 이용될 수 있다. 그러므로 수자원은 아주 오랫동안 계속해서 존속할 것이다. 성서의 묵시록처럼 지구에서 강수가 완전히 끝나버리리라는 근거 있는 기후 시나리오는 결코 나온 적이 없다. 그러나 재화와 서비스, 특히 식량을 생산하기 위해 수자원을 사용하는 선택은 갈수록 제한되고 있다. 따라서 수자원을 둘러싼 인간과 자연 사이의 경쟁은 갈수록 엄중해지고 있다.

이는 마치 두 반대 세력이 싸우는 것처럼 보인다. 그렇다면 인간은 자신의 생명 유지 시스템과 싸우고 있는 것이다. 지구적 관점에서 보면, 이는 면역 체계가 자신의 몸을 파괴하는 심각한 자가면역질환에 비교될 것이다. 일반적으로 이 질환은 양쪽, 곧 사람과 면역 체계 모두에 치명적인 것으로 끝난다. 그래서 그런 전쟁은 모두가 지는 상황으로 치달을 것이다.

우리는 이제 인간이 지구 시스템의 물 서비스를 지속가능하게 사용할 수 있는 한계를 구체화할 수 있다. 그러나 아직은 그것을 엄밀하게 양으로 계산할 수는 없다. 지구촌 모든 사람의 모든 물 발자국의 합계가 모든 육지 지역을 넘어서는 순간 그 한계에 도달한다. 우리는 이 지점으로 향하고 있는가? 우리는 이 지점으로부터 얼마나 멀리 떨어져 있는가?

지속가능성 시리즈 『우리의 지구, 얼마나 더 버틸 수 있는가?』(일예거, 2007)에 자세히 묘사돼 있듯이, 우리는 파란만장하지만 희망이 없지는 않은 미래에 직면하고 있다. 우리는 이제까지 300년 동안 전례 없고 통제되지 않은 성장을 해왔다. 이는 유례없는 지식을 창출했고 획기적인 기술을 발전시켰으며 엄청난 부를 축적했다. 그러나 처음으로 지구가 가지고 있는 자원의 한계 역시 우리에게 보여줬다. 이제 지구 시스템은 물질 순환을 장악하려는 인간의 시도에 대해 사소하지 않게 전체적으로 반응하고 있다. 분명한 것이 하나 있다. 지난 300년 동안과 같은 방식의 성장을 지속시킬 충분한 여지도, 충분한 자원도 지구에는 없다. 그래서 우리는 불가피하게 지대한 영향을 가져올 변화에 직면하고 있다.

우리는 미래에 대해 무엇을 알고 있으며 무엇을 의심하는 것일까? 기후 변화는 계속될 것이고 기후 연구자들의 컴퓨터 모델은 미래 기후의 영상을 갈수록 신뢰성 있게 그려낼 것이다. 지구 온도는 지금보다 2~5도 높아질 것이고, 수자원과 관련해 훨씬 더 중요한 강수 또한 바뀔 것이다. 다가오는 100년 동안 적도 지역의 지구온난화는 상대적으로 심하지 않을 것이다. 반면 극지역과 시베리아·캐나다의 동토대 및 침엽수림 지대(타이가)에서는 10도 이상 기온이 올라갈 것이다. 이들 지역에서는 특히 연평균기온이 빙점 이상으로 올라갈 경우 엄청난 영향을 가져올 변화를 유발할 것이다. 이는 이들 지역에서 식생의 변화로 이어지고, 초목은 녹은 땅속으로 더 깊이 뿌리내릴 수 있게 될 것이다. 우리 위도에서는 여름 강수가 줄어드는 반면 겨울 강수는 늘어날 것으로 예상할 수 있다. 그래서 기온이 올라가면 북유럽의 기후는 지중해 기후에 점차 가까워질 것이다.

모든 것이 강수가 더 극단적이 될 것임을 시사한다. 오늘날 비가 별로 내리지 않는 지역은 비의 양이 더 줄어들 것이고 이미 많이 내리는 지역은 비의 양이 더 늘어날 것이다. 그래서 가뭄이 더 심각해지고 홍수도 더 잦아질 것이다. 하지만 지구촌의 강수 분배는 예상되는 기후 변화 과정에서 복잡하게 바뀔 것이다. 어떤 지역의 강수가 늘어날지 줄어들지, 그리고 이런 변화가 수자원에 어떤 영향을 끼칠지는 현재의 기후 및 물 연구에서 가장 흥미로운 질문의 핵심을 차지한다. 여기에는 초목과 온실가스 사이, 사람과 토지 이용 사이, 해양과 대륙 사이의 복잡한 되먹임 구조 전체가 고려돼야 한다. 모든 증거는, 전 대륙의 총 강우량이 아주 극적으로 변하지는 않을 것이라는 쪽이다. 그러나 이것이 남유럽, 아프리카 사막 주변 지역의 사바나, 아시아의 계절풍 지역 등과 같은 다양한 지역에서 극심한 강수 변화가 일어날 수 있다는 것을 배제하지는 않는다.

'기후 변화 정부간 위원회' IPCC는 2001년 보고서에서, "지역적 기후 변화는 이미 수리 체계뿐 아니라 육지·해양 생태계에 영향을 주고 있다"며 "이제 이런 지역적 기후 변이와 연계된 늘어나는 사회경제적 피해는 지구적 변화라는 측면에서 취약성이 커지고 있음을 시사한다"라고 했다. 무엇보다 이렇게 취약성이 커지면 결국 "특히 저소득 주민과 열대 및 아열대 국가에서 보건 문제가 위협받을" 것이다.

이런 얘기들은 얼핏 정말 모호하게 들린다. 하지만 이 기구가 선도적인 지구촌 과학자들의 독립적인 패널이고 공동 성명을 공식화하려고 합의를 이뤄야 했다는 사실을 감안하더라도, 그 내용은 아주 명확하다. 기후 변화는 이미 시작돼 벌써 물 시스템에 영향을 주고 있으며, 지구상의 생활을 개선할 징조가 없는 데다 이미 돈을 요구하고 있고 아마도 앞으로는 더 많은 돈이 들 거라는 뜻이다.

미래에는 단지 기후만이 아니라 더 많은 것이 바뀔 것이다. 이는 중요한 진전이며, 앞으로 50년, 어느 정도는 100년에 걸친 과정이 벌써부터 추정 가능하다. 한 예는 인구가 더 증가한다는 것이다. 앞서 언급했듯이 생물의 한 형태로서 인류의 전략은 개체 수를 지속적으로 늘리는 것이다. 그러나 최근의 약 30년 동안(30억 년이라는 지구 역사를 하루로 치면 1,000분의 1초에 해당한다) 이 전략은 바뀌어왔다. 한 세대보다는 훨씬 멀지만 '가까운' 미래에, 지구상의 사람 수가 안정될 것이라는 사실에는 이제 의심의 여지가 없다. 이런 진전은 이미 시작됐으며 다음 수십 년 동안 결과를 보여주기 시작할 것이다.

지금 연평균 인구증가율은 1.2퍼센트다. 이는 해마다 7800만 명을 더 보살펴야 한다는 사실을 뜻한다. 2050년의 추정치는 거의 확실하다. 세계 인구는 약 95억 명이 되지만 연간 증가율은 0.5퍼센트에 그칠 것이다. 이는 해마다 '단지' 4800만 명만 증가한다는 것을 뜻한다. 이 추세가 계속되면 세계 인구는 2075년에 약 110억 명으로 안정된 뒤 감소하기 시작할 것이다.

이런 진전은 놀랍다. 이것이 중국을 제외한 전 세계 많은 지역에서 정부가 강제한 결과가 아니라는 사실을 알면 더욱 그렇다. 실제로 사람들은 선택권이 있고 교육을 받았으며 생활수준이 어느 정도에 이르면 스스로의 자유의지에 따라 비슷한 비율로 출산 억제를 결정한다. 이는 주로 두 가지 진전의 결과다.

1. 출산을 억제하면 잘살 수 있다거나 그래야만 잘살 수 있다고 믿도록 하는 교육과 넘치는 정보.
2. 원하는 자녀 수를 결정하는 과정에서 여성에게 주어진 자유. 무엇보다 이는 세계적으로 기혼 부부의 피임약 사용 증가를 포함한다.

적정 수준에 머물 것으로 추정되는 강수량의 변화, 대기 중 이산화탄소 증가를 억제하려는 노력, 인구 증가의 둔화 등은 대체로 수자원에 좋은 뉴스다. 이번 지속가능성 시리즈의 하나인 『기후 변화, 돌이킬 수 없는가』에서 모집 라티프는 지속가능성을 통해 기후 안정을 보장하는 아주 분명한 행동 과정을 묘사했다. 이런 행동은 긍정적인 인구 추이와 더불어, 지난 300년의 성장이 아무 방해를 받지 않은 채 지속되지는 않을 것이며 우리가 이미 연착륙을 준비하고 있다는 희망을 준다. 연착륙은 어떤 모습일까? 그리고 우리는 어디에 착륙할 것인가?

인구 증가라는 지배적인 요인에 덧붙여 특히 미래의 생활양식과 사용되는 기술이 우리가 어디에 착륙하고 그 착륙이 얼마나 매끄러울지, 그리고 우리가 얼마나 지속가능하게 수자원을 사용할 것인지를 결정할 것이다.

우리가 이미 보았듯, 이는 실제로 마실 물, 위생용 물, 산업용 물의 문제가 아니다. 이런 물은 상응하는 정치적 의지가 있다면, 비교적 저비용으로 지구 시스템에 피해를 주지 않으면서 모든 사람에게 고품질로 제공할 수 있다. 이런 물은 그렇게 빨리 소진되지는 않을 것이다. 앞으로 수자원을 지속가능하게 사용하는 데 대한 도전은 식량 생산에 의해 결정될 것이다. 세 가지 질문이 제기된다.

1. 미래의 식량 공급을 보장하려면 얼마나 많은 물이 필요한가?
2. 추가적인 식량을 생산하려면 앞으로 어떤 물이 사용될 것인가? 관개수, 곧 푸른 물일까, 아니면 자연 강수, 곧 녹색 물일까?
3. 수자원을 잘 사용하면 사람에게 중요한 농업과 지구 생명 유지 시스템에 중요한 자연 사이에 존재하는 갈등이 진정될 수 있을까?

우리에게는 앞으로 얼마나 많은 물이 필요한가

6장의 기초적인 수치를 기억하면 미래 물 수요를 계산하는 것이 특별히 어렵지는 않다. 이 계산은 적어도 다음 세기의 중반까지는 유효할 것이다. 그 이후의 기후와 인구 추이는 아직 정확하게 계산해 낼 수 없다.

2050년에 95억 명의 인구를 먹여 살리는 데 얼마나 많은 물이 필요할지를 계산하는 데는 두 가지 과제가 고려돼야 한다. 우선 그때까지 기아를 퇴치해야 한다. 이는 무엇보다 인도주의적인 과제다. 그러나 이를 이루는 것은 미래의 지속가능한 물 관리를 위한 핵심 전제 조건이기도 하다. 특히 굶주림에 시달리는 사람들이 환경과 수자원을 지속가능하게 활용하고 미래 세대의 번영을 지향하며 행동할 수 있다고 기대하는 것은 비현실적이다.

다음으로 증가하는 인구에게 식량을 제공해야 한다.

그래서 현재 연간 1,300세제곱미터 이하의 녹색 물을 사용하는 모든 사람에게 제각기 식량을 제공하면서 새로 증가하는 인구에게 이런 자원을 추가로 제공하는 것이 과제다. 표 12는 이런 고려를 보여줌과 동시에 2050년에 지구상의 모든 사람에게 충분한 식량을 제공하는 데 필요한 녹색 물 흐름에 대한 정보를 제공한다.

6장의 '식량을 위한 물'에서 언급했듯이, 지금의 녹색 물 소비는 이미 1인당 연간 1,200세제곱미터에 이른다. 앞으로의 증가분을 계산하기 위해 표 12는 세 가지 가정을 했다.

1. 선진국 인구를 먹이기 위한 1인당 녹색 물은 지금의 높은 수준에서 머물고 줄어들지 않을 것이다.
2. 발전도상국의 국민들은 1인당 녹색 물 소비를 연간 1,300세제

목적	2050년의 녹색 물(km³/연)
현재의 식량 공급	7,800
기아의 추방	2,200
추가되는 30억 인구에 대한 식량 공급	3,900
합계	13,900

표 12 2050년에 세계 인구를 먹여 살리는 데 필요한 녹색 물 추정치

곱미터라는 기본 수치 이상으로 늘리지 않을 것이다.

　3. 모든 사람에게 필요한 하루 3,000킬로칼로리를 생산하는 데 필요한 녹색 물의 양은 변하지 않는다.

　이렇게 가정할 때, 지구의 생명 유지 시스템은 기존의 연간 7,800세제곱킬로미터에 더해 추가로 6,100세제곱킬로미터를 2050년에 농업을 위해 제공해야 한다. 이는 답변이 필요한 두 번째 질문으로 이어진다.

추가되는 물은 어디서 나올 것인가

　아랄 해와 관련한 긍정적이지 않은 경험에도 불구하고, 이 문제에 대한 즉답은 관개용으로 더 많은 푸른 물을 사용하는 것, 그래서 관개 지역을 크게 늘리는 것이다. 이는 우선 푸른 물이 충분히 있다고 상정하며, 다음으로 관개를 할 수 있는 땅이 충분하다고 여긴다.

관개 지역이 확장될 수 있을까? 현재 관개 지역의 절반 이상은 아시아, 주로 중국과 인도에 있다. 지금 농작물 생산에서 관개 지역은 중국에서는 80퍼센트, 인도에서는 절반을 차지한다. 애초 강에서 끌어들인 관개용 물은 이제 세계적으로 수요가 늘면서 갈수록 지하수에서 뽑아내고 있다. 세계적으로 지하수 수위는 빠르게 낮아지고 있다. 이는 물을 끌어 올리는 비용을 높일 뿐 아니라 물 부족에 따라 많은 관개 지역을 폐기하는 결과를 낳고 있다.

FAO(2002)는 이후 30년 동안 관개 지역 확대 전망을 상세하게 다뤄왔다. 이 자료에 따르면 관개 지역은 특히 발전도상국에서 늘어날 것이다. 현재 2억 헥타르인 관개 지역은 2030년까지 2억 4200만 헥타르로 늘어날 것으로 내다본다. 이는 실사용 면적의 수치로, 그 지역에서 염화 작용이나 지하수 수위 저하로 인해 일어나는 상당한 손실이 이미 포함돼 있다. 이런 이유로 세계 관개 지역이 확대되는 정도는 그리 크지 않을 것으로 예상된다. 실제로 앞으로 30년 동안의 증가율은 연간 0.6퍼센트밖에 안 될 것으로 추정되며, 이는 인구 증가율의 절반에 불과한 수치이다. 여유분 토지가 전반적으로 줄어드는 분명한 신호는, 관개 지역 확대가 1969년과 2000년 사이에 2배 이상이 된 뒤 이미 둔화되고 있다는 사실에서도 알 수 있다. 그 이유는 인구 증가로 인해 추가적인 관개 지역이 필요한 인도와 중국 같은 나라에서 가능한 지역들을 이미 개발했다는 데 있다. 선진국에서도 관개 지역 증가 속도가 상당히 느려졌으며 지금은 연 0.3퍼센트 이하다.

선진국에서는 관개용 물의 공급이 시급한 문제가 아니더라도 발전도상국의 각 지역에서는 앞으로 극심한 부족에 직면할 것이다. 예를 들어 관개용 땅이 충분한 남아프리카에서는 기후 변화에 따른 강수 감소가 관개 지역 확대에 장애가 될 가능성이 아주 크다. 이는 추가적인 관개를 위해 충분한 물을 확보할 수 있을지에 대한 다음 질문으로 이어진다. 이는 지역에 따라 크게 다를 것이다. 이 연구를 보면 2030년에는 관개 확대에 따라 발전도상국의 5분의 1이 관개용 푸른 물의 한계점에 있거나 이미 그 지점을 넘어설 것이다. 그때 이들 지역은 지금의 사우디아라비아와 리비아가 이미 그렇듯, 심층 지하수로부터 많은 물을 끌어 올려야 한다. 여기에는 인도 서부, 남아시아, 중동, 북아프리카 등의 인구 밀집 지역이 포함된다. 그래서 FAO의 연구 결과는 관개 확대 가능성이라는 면에서 국제물관리기구의 연구와 거의 일치한다.

종합적으로, 2030년까지만 다루는 FAO 연구는 관개 지역 확대가 식량이 필요한 지역, 곧 발전도상국의 건조 지역에서 주로 이뤄질 것이라고 결론을 내린다. 그러나 이들 지역은 이미 심각한 물 부족을 겪고 있다. 추가적인 관개는 갈수록 어려워질 것이다. 땅속 더 깊은 곳의 지하수에서 대량의 물을 끌어 올려야 하기 때문이다. 동시에 많은 지역이 염화 작용으로 인해 농업용으로는 쓰이지 못하게 될 것이다. 그런데도 관개 지역이 2050년까지 연간 0.6퍼센트씩 느리게나마 늘어난다고 상정하자. 그렇게 되면 관개 지역은 3억 4500만 헥타르가 될 것이다. 늘어난 관개 지역에 대해서는, 푸른 물 흐름으로부터 물을 끌어대야 한다. 필요한 물의 양은 연간 약 600∼800세제곱킬로미터로 추정된다.

2050년의 인구를 먹여 살리는 데 추가로 필요한 연간 6,100세제곱킬로미터의 전체 녹색 물 가운데, 관개용이 제공할 수 있는 양은 분명히 10분의 1 정도에 그친다. FAO의 분명한 메시지는 이런 것이다. 관개 지역 확대만으로는 문제를 풀 수 없다. 해마다 인구를 먹여 살리기 위해 추가적으로 공급돼야 할 5,400세제곱킬로미터에 이르는 녹색 물 부족 문제가 남아 있다.

어떻게 할 것인가? 농업에서 물 사용의 효율성이 높아지는 것은 잠시 무시하자. 이는 세 번째 질문에서 다룰 것이다. 원칙적으로 이만한 양의 녹색 물을 얻기 위해서는 두 가지 선택이 가능하다.

1. 하늘바라기 농업, 곧 강수에 의존하는 형태의 농사를 늘리고 그것을 이제까지 농사에 쓰지 않았던 지역으로 확대하는 것이다.

2. 현재의 하늘바라기 농업 지역으로 이웃 생태계에서 물을 이동시킴으로써 물 소비를 늘리는 것이다. 예를 들어 숲을 베어내고 그림 18에서 봤듯이 그곳 지표수의 일부를 이웃의 새 지역을 관개하는 데 사용함으로써 그렇게 할 수 있다.

지난 300년간의 대규모 토지 이용 변화 이후(5장 참조) 하늘바라기 농사 지역을 확장할 여지는 거의 없게 됐다. 기후 변화 역시 그렇게 되도록 뒷받침할 수 없을 것이다. 기온이 올라가면 영구 동토층이 녹아 식생 벨트가 북쪽으로 올라갈 것이다. 이는 타이가 침엽수 벨트가 북상하는 것과도 연계돼 있다. 순전히 이론적이지만 이는 새로운 땅을 확보할 여지를 제공할 것이다. 이는 현재의 농업 북방 한계선과 연관된다. 앞으로 수십 년 동안 가능한 기온 상승은 농작물에 필요한 온기를 보장할 것이다. 그러나 기온 상승에도 불구하고 곡물에 필요한 두 번째 요인을 고려하면 아무것도 바뀌지 않을 것이다. 적은 양의 햇볕과 식생 기간의 부족은 이들 지역에서 적은 양의 산출만을 허용하고 그래서 농업용으로 사용되는 녹색 물 흐름도 적을 것이다. 게다가 지구의 다른 지역, 예를 들어 지중해에서 일어나는 기후 변화가 얼마나 사막화를 가속화하고 기존 농업 지역을 파괴할지는 여전히 미지수다.

그래서 유럽, 러시아, 북아메리카, 오세아니아 등에서 의미 있는 규모의 농업 확대는 더는 가능하지 않을 것이다. 앙골라 등 아프리카와 브라질 같은 여러 나라는 여전히 농업에 적합한 땅이 제한돼 있다. 그러나 특히 브라질에서 천연 물질로부터 재생 가능한 에너지를 확보하려는 현재의 논의가 보여주듯이, 식량 생산과 에너지 확보에 이들 지역을 활용하는 것은 경쟁력이 있다. 브라질은 앞으로 25년 동안 사탕수수에서 에탄올의 생산을 대규모로 확대할 계획이다. 현재 사우디아라비아가 생산하는 원유의 절반에 해당하는 에탄올을 만들어내기 위해 새로운 농업 지역이 활용될 예정이다. 그렇게 되면 브라질은 사우디아라비아에 이어 지구촌에서 두 번째로 큰 에너지 공급국이 될 것이다. 이를 위해 대규모의 녹색 물 흐름이 전환

될 것이며, 이 물은 더는 자연 생태계나 식량 생산에 이용될 수 없을 것이다.

이웃 생태계의 토지가 푸른 물을 이용하도록 바꿔버리는 것은 이런 생태적 완충 지역의 가능성에 심각한 영향을 준다. 장소를 불문하고 이미 지난 300년 동안 그런 일이 행해졌으며 더는 대규모로 확대돼서는 안 된다. 남은 지역은 분명히 지구 생명 유지 시스템의 통합성을 확보하기 위해 필요할 것이다.

지난 300년 동안 인구 증가에 대응해 취해 왔던 고전적인 조치들은 더 이상 유효하지 않는다. 증산작용을 가능케 하고 늘어나는 인구를 먹여 살리기 위해 추가적으로 사용할 지역을 더는 확보할 수 없다. 오늘날 이미 우리의 수자원은 그런 낡고 정형화한 사고에 들어맞지 않는다.

물을 더 잘 쓰기: 같은 양의 물로 더 많은 농작물을

이제 세 번째 문제로 가자. 유일한 탈출구는 식량 생산을 늘림과 동시에 농업에서 물 소비를 억제하는 것인 듯하다. 이는 물 절약을 뜻한다. 이는 지속가능성을 논의하는 다른 영역에서 잘 알려진 요구다. 예를 들어 교통이 그렇다. 자동차는 일정한 연료로 더 많은 거리를 가야 하고 그럼으로써 연비가 높아진다.

수문학hydrology에서는 이를 '같은 양의 물로 더 많은 농작물을' more crop per drop이라고 한다. 이 말은 유엔 사무총장을 지냈던

코피 아난Kofi Annan이 2000년 새천년 회의에서 처음 사용했다. 그러나 '같은 양의 물로 더 많은 농작물을'에 대한 요구는 기름을 아끼는 것과는 아주 다르다. 기름 아끼기는 재생할 수 없는 에너지 자원이 소진되기 전에 더 오래 유지하려고 애쓰는 것일 뿐이다. 경제적 물 사용은 지구 시스템의 물질 순환 가운데 하나인 물순환을 처음으로 지구적이고도 지속가능하게 관리하는 것을 뜻한다.

인정하건대 이는 쉬운 일이 아니다. 식량 생산을 위한 녹색 물과 푸른 물 사용을 현재 수준 또는 더 낮은 수준으로 억제하고 동시에 그 물로 2배 분량의 식량을 생산하기란 어려울 것이다. 이 목표는 1960년대부터 1990년대까지 세계 식량 산출을 매우 성공적으로 늘린 녹색혁명을 훨씬 넘어선다.(그림 22)

녹색혁명은 식량 생산의 효율성에 대해서는 그렇게 많이 걱정할 필요가 없었다. 당시에는 땅도 물도 부족하지 않았다. 녹색혁명은 다음 세 가지 수단 위에서 구축할 수 있었다.

1. 새로운 고수확 품종의 쌀·곡류·옥수수의 성공적인 개발
2. 녹색 물과 푸른 물 사용의 확대
3. 경작지의 세계적인 확대

단순히 자원 사용을 확대하는 고전적 방법을 활용해 얻을 수 있는 식량 생산의 증가는 대체로 이것으로 갈 데까지 갔다. 앞에서 본 바와 같이, 늘어나는 인구를 위한 식량 생산에서 큰 성공을 일궈낸

녹색혁명의 세 가지 선택지 가운데 두 가지는 이제 단지 제한적으로만 사용할 수 있다. 녹색 물과 푸른 물의 사용을 늘리는 것과 경작지를 확대하는 것이 그것이다. 110억 명까지 인구가 증가한다는 점을 생각하면 이 두 가지 선택은 더는 지구적 물순환의 지속가능하고 경제적인 관리에 기여할 수 없다.

따라서 우리는 녹색 물과 푸른 물을 좀 더 효율적으로 활용하기 위해 어떤 가능성이 남아 있는지에 초점을 맞춰야 한다. 지금의 잠재력이 수자원을 안정시키는 데 충분하고 미래의 지속가능한 사용을 허용할까?

이 가능성을 추정하기 위해 지금의 산출량을 좀 더 자세히 살펴보고, 현재 이뤄지고 있는 것과 앞으로 가능한 것을 비교해 보자. 이는 적도 남북쪽 아프리카 사바나 지역의 옥수수 수확을 다룬 그림 29에 나타나 있다. 이들 지역은 지구 차원에서 문제가 있다. 현재 식량 공급이 적절하지 않고 강수량이 가변적인 특징을 지닌 이들 지역에 대해 기회가 있다고 결론을 내린다면 세계 다른 지역에 대해서도 조심스럽게 낙관적일 수 있다.

그림 29는 네 그룹의 농가 유형과 각각의 옥수수 생산량을 보여준다. 이 가운데 소규모 가족농(소농)이 가능한 유형의 맨 아래에 있고, 다음이 각국의 평균 또는 보통의 농가다. 교육을 잘 받은 농부가 운영하는 표준 농가와 과학자들이 책임지는 연구 농가가 그다음이고, 상업적이고 산업화한 농가가 있다. 농가의 대부분은 첫 번째 범주에 속한다. 작거나 흔히 척박한 땅에 자녀는 많고 생산 조건은

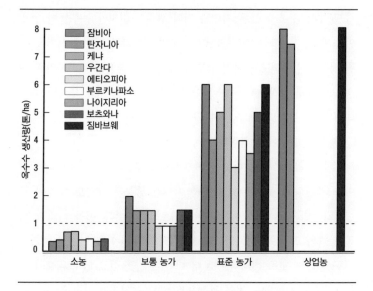

그림 29 아프리카 사바나 지역의 농가 유형별 생산량(Falkenmark, 2004)

제한된 가족농이 그것이다. 이들에게는 강수량뿐 아니라 씨앗, 토양의 질과 훨씬 더 많은 요인이 실제 곡물 산출에서 중요한 역할을 한다. 여기에는 노동력 부족, 불분명한 소유 구조, 제한된 자금, 기계와 물 부족, 생산물을 내다 팔 시장의 미흡, 시원찮은 저장 시설, 마찬가지로 중요한 교육 부족 등이 포함된다. 씨앗을 사기 위해 적시에 융통할 수 있는 자금, 생산물을 시장으로 수송하기 위한 도로, 개선을 도와줄 지역의 조언자 등은 씨앗이나 강수량보다 이들 농부가 땅을 경작하고 수자원을 다루는 데 훨씬 큰 영향을 끼친다. 사회적·경제적·구조적 틀은 자연과 거의 관련이 없지만 농부들이 언제 씨를 뿌리고 정확한 비료를 어떻게 쓰며 살충제를 어떻게 시기에 맞춰 정확하게 뿌리고 빗물의 침투와 녹색 물 흐름을 최대화하기 위해 땅을 어떻게 경작할지 등에 영향을 준다. 자연은 이런 부족한 점에 대해 낮은 수확량으로 반응한다. 모든 나라의 소농은 헥타르당 약 0.5톤의 옥수수를 수확한다.

그림 29의 두 번째 범주는 아프리카 남부 농가들의 평균적인 옥수수 생산량을 보여준다. 소농뿐 아니라 중농과 대농도 여기에 포함된다. 이 경우 평균 생산량은 헥타르당 1톤이다. 이들 나라의 표준 농가와 연구 농가를 검토해 보면 훨씬 더 흥미롭다. 표준 농가와 연구 농가는 모두 대체적으로 더 나은 토지를 갖고 있지 않으며 소농 및 중농과 똑같은 농업 관행으로 일한다. 하지만 연구 농가는 소농과 중농이 가진 기후 조건과 기술적 가능성 안에서 최대의 수확을 얻어낼 수 있도록 관리된다. 무엇보다 이들은 땅 준비하기, 씨 뿌리기, 비료 주기, 김매기, 수확, 비료 및 살충제 뿌리기 개선, 마찬가지로 중요한 더 나은 씨앗 선택 등 각 작업 단계가 때맞춰 가장 적절하게 이어지도록 노력한다. 그리고 놀라운 성공을 거둔다. 표준 농가는 아프리카 사바나의 주어진 기후 조건에서조차 일반적으로 가능한 기술만을 사용했는데도 헥타르당 3~6톤을 수확할 수 있다. 그래서 전통적이며 지역적으로 가능한 기술을 사용해 토지를 일관되게 효율적으로 관리하는 것이 녹색혁명 때 고수확 품종과 비료를 사용한 것보다 수확량을 더 많이 늘렸다. 가장 좋은 점은 이런 엄청

난 수확량 증가가 단 한 방울의 추가적인 녹색 물도 사용하지 않고 이뤄진다는 것이다. 이 표준 농가는 이웃한 소농과 마찬가지로 농작물을 키우는 데 빗물만을 사용한다.

그림 29의 네 번째 범주는 잠비아, 탄자니아, 짐바브웨의 이른바 상업농의 생산량을 보여준다. 이들 대농은 보통 그 지역에서 가장 좋은 땅을 소유하고 있으며, 잘 교육받고 훈련된 전문가들이 유럽 기준에 맞춰 선진 기술을 수단으로 하여 운용한다. 거론된 이들 나라만이 상당한 수의 거대한 상업적인 농가를 갖고 있다. 이들은 헥타르당 8톤의 옥수수를 수확하며, 이는 유럽연합 대농의 경우와 거의 같다. 유럽 대농의 2005년 곡물 생산량은 헥타르당 약 8.4톤이었으며(EUROSTAT, 2007), 이 수치조차도 옥수수 농사에서 가능한 이론적 최대 수확량보다는 훨씬 적다. 현재 농작물의 최대 생산량은 최적의 성장 조건 아래서 거의 헥타르당 20톤에 이른다. 그러나 환경 조건 차이, 있을 수 있는 많은 해충, 가변적인 기후 조건 등을 고려하면 이 수치는 대규모로는 결코 이뤄낼 수 없을 것이다.

그런데도 그림 29에서 중요한 결론을 이끌어낼 수 있다. 세계적으로 지금 농부들이 얻어내는 수확량과 똑같은 양의 녹색 물을 사용해 이뤄낼 수 있는 수확량은 극과 극으로 다르다. 한쪽에는 앞으로 세계 인구를 먹여 살릴 수 없는 헥타르당 1톤의 소농 세계가 있다. 다른 세계는 헥타르당 5톤의 표준 농가로, 이론적으로 그렇게 될 수 있다. 두 세계는 단 몇 킬로미터 정도 떨어져 있으며, 주로 표준 농가의 관리자들이 자신의 땅의 특성을 매우 구체적으로 다룰 능력이 있고 작물 및 농법 선택과 비료·농약 주기에서 이를 고려한다는 사실에서 차이가 난다. 두 세계를 나누는 것은 어떤 토지를 쓰는가 하는 점이 아니라 교육과 안정된 수입에 대한 접근 정도다.

하늘바라기 농업을 하고 있는 땅의 소출을 증가시킬, 사용되지 않은 잠재력은 어마어마한 수준으로 이미 존재한다. 가능한 산출과 실제로 이뤄지는 산출이 크게 차이가 나는 이유는 곡물에도, 기후에도 있지 않고 산출을 최대화하기 위해 농부들이 사용하는 농업 기술이 적절하지 못한 데 있다.

만약 그림 29에서 보여준 산출 증가를 세계적으로 이뤄낼 수 있다면 식량 생산 배증은 지구 시스템에 더 많은 녹색 물을 요구하지 않고 이뤄질 수 있다. 어떻게 이렇게 할 수 있을까? 빗물을 더욱 효율적으로 사용할 수 있도록 통제하는 데는 두 가지 지렛대가 있다. 하늘바라기 농업에서 생산량을 증가시키는 첫 번째 가능한 방법은 품종개량 또는 유전공학이다. 이는 동일한 녹색 물로 더 많은 바이오매스나 식량을 생산하는 것을 목표로 한다. 할브로크(2007)는 곡물의 생산성을 결정적으로 증진할 수 있는 품종개량과 유전공학의 전망에 대해 자세히 보고했다. 무엇보다도 첫 단계는 광합성의 효율성을 높이는 것이다. 지금은 엽록소의 작용으로 햇볕의 1퍼센트만이 식량으로 전환된다. 이런 효율성을 식물에 더 많은 물을 주지 않은 채 2퍼센트로 높일 수 있다면, 중부 유럽 등 사실상 모든 기후대에서 2배의 수확이 가능할 것이다. 그러나 엽록소는 진화 역사에서 가장 오래된 분자의 하나이며, 지구의 초기부터 거의 바뀌지 않았다. 따라서 대부분의 과학자들은 광합성의 효율을 눈에 띌 수준으로 높이는 것은 핵융합을 상업적으로 활용해 에너지를 만들어내는 것만큼이나 실현 가능성이 적다고 본다. 만약 이것이 가능하다면 아마도 이제까지 이미 진화가 이뤄졌을 것이다.

또 다른 접근은 수확 지수*를 높이기 위해 품종개량을 하는 것이다. 수확 지수란 생산된 바이오매스 가운데 곡물이 차지하는 비율을 말한다. 수확 지수의 증가는 이미 긴급한 품종개량 목표 가운데 하나다. 오늘날 고효율 경작자들은 50퍼센트 이상의 수확 지수를 보인다. 그 상한선은 약 60퍼센트로 추정되는데, 농작물은 알곡뿐 아니라 생존에 필수적인 줄기·잎과 다른 기관까지 만들어내야 하기 때문이다. 그래서 물 소비를 늘리지 않고 수확을 늘리는 이 선택은 대개 갈 데까지 갔으며 식량 생산 배증이라는 요구를 충족시킬 수 없다.

근본적으로 소출을 늘리는 세 번째 가능성은 식물 성장을 위한 빗물의 효율적 사용을 기반으로 한다. 식물은 땅에서 생산적인 녹색 물을 끌어올려 잎으로 보내며, 그 물은 잎에서 수증기로 대기에 배출된다. 하지만 빗물은 비생산적인 녹색 물이 되기도 하는데, 지표면에서 증발하는 것이 그것이다. 녹색 물 흐름을 바꾸지 않고 소출을 늘리는 것은 더 많은 녹색 물이 식물을 통해 이동하도록 하고 지표면의 증발을 줄임으로써만 이뤄질 수 있다. 일반적으로 이는 농부가 밀식密植을 하면 가능하다. 비가 오는 동안이나 그치고 난 뒤 빗물은 이파리 아래를 흐르며 이파리가 땅에 그림자를 드리우므로 증발로 인한 손실을 최소화한다. 그래서 식물 스스로 바이오매스를 만들어내는 데 가장 생산적인 물을 제공한다. 이런 유형의 증발 관리는 세계적으로 널리 보급되지는 않았지만 상당한 잠재력을 갖고 있다. 그러나 '식물 덮개'의 준비와 유지는 신중하게 이뤄져야 하며 모든 농작물에 적용되지는 않는다. 예를 들어 주로 질퍽한 논에서 자라는 벼는 매우 높은 비생산적 물 손실을 보인다. 이런 이유로 마른논에서 벼를 고수확하기 위한 집중적인 연구가 진행 중이다.

사용된 녹색 물의 생산성, 곧 같은 양의 녹색 물로 생산될 수 있는 바이오매스의 양은 생산량이 증가한다면 커지게 된다. 바이오매스 생산이 증가할수록 물이 그만큼 적게 쓰인다는 뜻이다. 생산성 증가는 한계효용 체감이라는 경제법칙을 따른다. 이는 생산량에서 한 단위가 추가될수록 물의 생산성 증가는 줄어든다는 것을 뜻한다. 그래서 '같은 양의 물로 더 많은 농작물을'이라는 말에서 쓰인 녹색 물의 생산성은, 생산량이 2.5톤에서 5톤으로 늘어날 경우가 5톤에서 7.5톤으로 늘어날 때와 비교해 더 높다. 헥타르당 10톤의 생산량을 기록한 최근의 경우에, 녹색 물 사용의 생산성 증가가 더는 가능하지 않은 지점에 이르렀다. 이때 녹색 물은 최적으로 사용되고 있다. 이 중요한 개념은 유럽에서와 같은 매우 집약적인 농업이 녹색 물 흐름을 활용하는 가장 효율적인 방법임을 뜻한다.

오늘날의 헥타르당 1톤 세계에서 5톤 세계 또는 심지어 10톤 세계로 나아갈 전망은 얼마나 현실적이며, 최대한의 물이 자연에 어떻게 공급될 수 있을까?

녹색 물 사용에서 생산성 증가와 일치하는 생산량 증가는 아프리카 사바나를 다룬 그림 29의 예에서 보듯이 전 세계에서 평등하게 안성맞춤으로 일어날 수 없다. 이런 접근은 강수량이 너무 적은 지역에는 적용될 수 없다. 생산량이 이미 너무 많아 물을 추가해도 늘어날 수 없는 지역도 마찬가지다. 그래서 국제 전문가들은 세계적으로 연간 1,500세제곱킬로미터 정도만 녹색 물 사용에서 생산성 증가를 확보할 수 있다고 추정한다. 이는 정말 적은 양이며 현재 하늘바라기 농업에서 사용되는 녹색 물의 약 3분의 1에 해당한다. 이는 2050년의 세계 인구를 먹여 살리기 위해 관개 확대에 더해 제공돼야 하는 5,400세제곱킬로미터의 녹색 물 가운데 연간 1,500세제곱킬로미터가 '같은 양의 물로 더 많은 농작물을'을 통해 확보될 수 있음을 뜻한다. 그러면 이제 남은 연간 3,900세제곱킬로미터의 녹색 물을 제공해야 한다. 땅이 더 없다면 그 물은 어디서 와야 할까? 더는 크게 줄일 수 없는 녹색 물 부족분은 우리가 다음 수십 년 동안 간단한 수치로 예견할 수 있는 세계 물 위기를 나타낸다.

물 위기의 징조는 다른 지역에서도 볼 수 있다. 발트 해 주민들의 물 발자국은 자신들이 사는 지역 크기의 2배에 이른다. 이는 환경을 지속가능하게 이용하는 게 아니다. 이들의 경우 이는 주택 난방을 위해 가상수가 대규모로 필요하고 지금 그것을 지속가능하지 않은 방법, 즉 화석연료를 사용하여 얻어야 하기 때문이다. 이는 결국 지속될 수 없다. 지구의 다른 지역에서는 수자원을 지속가능하게 쓰고 있는가? 다른 지역 주민들의 물 발자국에 관한 상응하는 연구는 아직 이뤄져 있지 않다. 지역차로 인해 이유는 다를지라도 결론은 발트 해의 경우와 비슷할 가능성이 크다.

현재 지구에서는 식량을 생산하는 데 가장 많은 물이 쓰인다. 에너지 산업과 같은 다른 경제 분야는 훨씬 뒤처진다. 이는 주로 쓸 수 있는 화석 에너지 자원은 있지만 캐낼 수 있는 '화석 식량'은 없기 때문이다. 정의상 식량은 100퍼센트 재생 가능한 원자재다. 화석 연료 공급은 급격하게 위축되고 있고 곧 완전히 중단될 것이다. 재생 가능한 에너지로의 전환은 이미 시작됐다. 이들 에너지가 바이오매스로 만들어지게 되면 바로 식량 생산과 경쟁하게 될 것이다. 그때는 헥타르당 5톤 이상에 이르는 생산량 증가가 식량뿐 아니라 에너지를 위한 곡물 생육을 위해서도 필요하게 될 것이다. 이런 긴장을 완화하는 방법은 아직 시야에 들어오지 않는다. 그래서 발전도상국에서만 세계 식량 생산의 효율성을 높여 문제를 간단하게 해결할 수 있는 가능성은 기본적으로 전혀 없다.

지속가능한 수자원 이용을 이뤄낼 방법들

그래서 지금 계산으로는 여전히 2050년에 부족할 3,900세제곱킬로미터의 녹색 물을 제공하기 위해 물 사용의 효율성을 높일 새로운 방법이 필요하다. 단순히 기아starvation를 계속 받아들이기만 하는 것은 대안이 아니며 지속가능한 발전이라는 장기 목표를 버려서도 안 된다.

물 사용의 효율성을 높이는 것과 관련해 아직 고려되지 않은 잠재적인 방법이 있다. 예를 들어 이 주제에 대한 모든 이전 논의에서 빗물을 다르게 이용하는 방법이 분리돼서 다뤄졌다. 이는 관개와 건조농법에서 특히 뚜렷하다. 세계적으로 관개에 쓰이는 물의 효율성을 높일 엄청난 잠재력이 있다. 현재 관개용 물은 일반적으로 매우 비효율적으로 쓰인다. 젖은 논벼의 예에서 보듯이 물의 많은 부분이 비생산적으로 증발한다. 지하의 방울물(드립) 관개 시설은 훨씬 더 효과적이다. 이들 시설은 관개용 물과 용해된 비료를 뿌리 부근에 가지를 친 관을 통해 직접 뿌리로 이동시킨다. 이는 유럽의 고수확 농업과 같은 수준의 물 사용 생산성을 이뤄낸다. 사용된 모든 물이 뿌리에 흡수돼 식물이 증산작용에 사용할 수 있기 때문이다. 그래서 물을 최소한으로 쓰고도 많은 수확을 내게 된다.

하늘바라기 농업이 가능하지만 소출을 늘리려면 물을 추가할 필요가 있는 지역에서 실제로 이런 관개를 활용할 경우 생산성 증가로 이어질 것이다. 여기서 빗물은 농작물의 기본적인 물 요구를 충족시키고 관개용 물은 순전히 생산량을 늘리는 데 사용된다.

이런 복합적인 기술을 세계의 많은 지역에 도입하기에는 비용이 너무 많이 들고 복잡하다고 생각하는 사람도 있을 것이다. 흔히 있는 이런 논란은 컴퓨터, 인터넷, 자동차 등과 같은 다른 더 복합적인 기술이 짧은 시간에 세상을 정복한 역동성을 잘못 판단하고 있다. 중국과 인도 같은 나라는 이것과 비슷한 시스템을 대규모로 설치할 경제력을 갖고 있으며, 많은 국민에게 그 사용법을 가르칠 교육 체계를 확보하고 있다.

이 예는 관개와 하늘바라기 농업의 통합을 통해 물이 훨씬 더 효율적으로 사용될 수 있음을 보여준다. 이런 통합을 통해 물 사용의 효율성을 높일 다양한 가능성이 있다. 여러 가능성이 이미 고려되고 있다. 그 이상은 아직 상상 속에 있을 뿐이다. 그러나 이 모든 것의 전제는 물과 지속가능한 개발에 관한 더블린 선언에서 정한 물 사용 처리 원칙의 통합적 접근을 일관되게 따르는 것이다.

가상수의 거래는 이 가운데 한 부분이다. 이 거래가 먹을 수 있는 모든 상품을 수입함으로써 모든 나라의 농업에 지장을 주는 것을 목표로 할 수는 없다. 기본 원칙 가운데 하나는 여전히 물은 필요한 곳에서 사용돼야 한다는 것이다. 그러나 7장에서 봤듯이 가상수를 거래함으로써 진짜 물이 절약될 수 있다. 이는 수출하는 쪽이 수입하는 쪽보다 더 효율적으로 물을 절약하면서 식량을 생산한다면 항상 그렇다. 이미 전체 곡물 거래의 25퍼센트가 물 부족 때문에 이뤄지고 있다. 이 거래는 주로 건조 지역 나라들과 번영을 누리는 나라들 사이에서 이뤄진다. 많은 나라가 물 부족으로 고통받을 텐데, 그들에게 다른 나라로부터 식량을 수입할 자원을 있을 것인가? 적어도 이들 나라의 강수 부족은 전형적으로 과도한 일조량과 연관돼 있다. 오늘날 이집트에서 관광이 그런 역할을 하듯이, 태양열에서 재생 가능한 에너지를 만드는 것이 발전도상국의 대안적인 소득원이 될 수 있다. 이는 식량과 에너지 시장의 지속적인 국제화를 상정한다. 그래서 가상수 거래는 지구적 수자원 관리의 한 부분이다.

수자원의 지구적 관리는 지구 인구 전체를 위한 일이며, 기후를 보호하는 것과 똑같다.

빗물은 관리돼야 할 자원이다. 강수는 수증기가 대기 속으로 증발하는 것을 보면 알 수 있듯, 국가간 경계에 제한되지 않으며 대양을 가로지르기도 한다. 수자원 부족이라는 분명한 전망과 어긋나게 녹색 물과 푸른 물을 계속 관리하려는 것은 쓸데없는 일이다. 녹색 물과 푸른 물은 지역적으로나 국가적으로나 강수에서 시작된다. 지금처럼 앞으로도 항상 지구에는 물이 남아도는 지역과 너무 부족한 지역이 있을 것이다. 만약 물이 많은 지역이 에너지가 부족해 고통을 겪거나 그 반대의 경우라면 행운의 일치가 될 것이다. 지속가능한 세계 질서는 각국이 자연을 희생시키며 자립 정책을 부추기는 대신 서로가 이런 결핍의 균형을 맞춰야 한다. 산업국들은 지금 잘못 하고 있다. 이들은 화석연료를 사용해서 대기 중 이산화탄소의 양을 증가시킨다. 또 발전도상국들은 식량을 생산하기 위해 물 시스템과 토양을 파괴한다.

다음 45년 안에 지구의 생명 유지 시스템에 피해를 주지 않은 채 연간 3,900세제곱킬로미터의 녹색 물을 추가로 찾아내야 한다는 과제는 계속 남을 것이다. 거기로 가는 많은 길이 있고, 모두가 복잡하다. 몇 가지가 이미 시야에 드러나고 있다.

1. 통합의 이익을 활용하는 현명한 절약.
이는 여러 분야의 전문가들이 전통적 과학의 틀에 갇히지 않고 함께 해결책을 찾을 것을 상정한다. 독일 연방정부의 교육연구부는 '지구적 변화와 수문학적 순환'이라는 이름으로 첫 번째 대규모 프로젝트를 시작했다.(GLOWA, 2007) 이 연구는 지속가능한 앞으로의 물 관리 방법을 연구하고 그 이행을 위한 행동 경로를 개발하기 위해 땅과 물 관리의 결합을 통해 유럽과 아프리카의 다양한 지역에서 통합 이익의 가능성을 찾아내는 것을 목표로 한다.

2. 경작지 확대.

지구 시스템에 피해를 주지 않으면서고 이 방법을 쓰는 것은 제한적으로만 가능하다. 어쨌든 그렇게 할 수 있을 것인가? 불행하게도 그럴 것이라는 증거는 별로 없으며, 육지의 경작지를 늘리는 전통적 방법에 덧붙여 이제 더 많은 바다 역시 수경 재배를 확대하는 식으로 활용되고 있다.

3. 물이 남는 지역의 활용 확대와 가상수의 거래.

유럽·미국·캐나다의 농업은 왜 대책을 강구해 잉여 식량을 생산하지 않나? 러시아와 우크라이나도 그렇다. 이는 대개 기름진 땅에서는 지속가능한 기준을 유지하면서도 가능함을 앞에서 살펴봤다. 유럽의 농업 이상으로 물의 효율성을 높일 수 있는 대규모 농업은 없다. 이런 관점에서 가능한 한 토지가 집약적으로 활용된다면 지구 시스템에 훨씬 이롭다. 대신 넓은 지역을 조방적으로 사용하겠다면 토지를 파괴하지 않고는 사실상 불가능하다.

문제를 풀기 위한 전제는 국가적·문화적 국경을 뛰어넘어 지구를 하나의 온전한 실체로 인식하는 것을 배우는 것이다. 단순히 추상적이고 철학적으로가 아니라 실체적으로 말이다. 우리는 첫걸음을 시작했다. 여기서 나일 강 수변 지역의 예로 돌아가 보자.

3장에서 우리는 나일 강 유역 나라들 사이의 큰 비대칭성을 봤다. 이집트는 나일 강에 전적으로 의존하고 사실상 의미 있는 재생 가능한 수자원이 부족한 반면 에티오피아는 수자원이 풍부하다. 상류 수변 국가로서 에티오피아는 또한 이집트의 수자원을 통제한다. 이는 두 나라 사이의 수십 년에 걸친 갈등과 불만으로 이어졌고, 이집트는 다른 것보다도 에티오피아의 발전을 지연시키고 약화시키려고 노력해 왔다.

이 갈등을 끝내려고 1999년 나일 강 유역 모든 나라의 지역적 협력을 위해 '나일 강 유역 구상'NBI이 창설됐다. 목표는 강에 대한 장기적인 합동 개발과 수자원 관리다. 협력이 진전되면 수변 지역에 있는 모두에게 실질적 이익이 돌아갈 것이고 상호 신뢰를 위한 기초가 마련될 것이다.

그래서 경제적·지리적 비대칭은 갈등이 아니라 협력을 통해 균형을 이룰 것이다. 이집트는 에티오피아와 같은 상류 국가들보다 경제적으로 훨씬 강력하다. 하지만 상류 국가들은 지리적으로 더 강하다. 그들은 물을 갖고 있다. 상류에 있든 하류에 있든 양쪽은 에티오피아와 다른 상류 국가에서 농업을 발전시키는 데 쓸 물이 충분히 있으며 이집트에 여전히 충분한 물이 남아 있음을 인식했다. 양쪽은 나일 강을 지능적이고 협력적으로 함께 활용함으로써 성공을 거둔다. 신뢰는 증진됐고 물 사용뿐 아니라 전력망과 에너지 교환 역시 조정돼야 한다는 데 동의했다. 강력한 국제 지원을 얻은 이 접근에 본질적인 것은 이들이 지속적으로 '윈-윈' 상황을 찾아내고 이행하려고 애쓰고 있다는 것이다.

이는 나일 강 지역에서 일들이 벌어지고 있음을 뜻한다. 국경은 극복되고 있고 수자원은 모두의 합의 아래 공통으로 사용되고 있으며 똑같은 일이 다른 자원에서도 일어나고 있다. 비슷한 발전이 서아프리카의 볼타 강과 동남아시아의 메콩 강과 같은 다른 대규모 수변 지역에서도 시작되고 있다.

그러나 이는 단지 시작일 뿐이다. 지구적 수자원 관리를 이뤄내려면 해야 할 일이 많다. 이런 지구적 관리는 수력 기술자, 수문학자, 농부, 생태학자 등 서로 할 얘기가 거의 없는 전문가들을 더 가까이 불러 모을 것이다. 그러는 동안 우리가 토양 자원으로 무엇을 하며 토양 자원이 우리에게 무엇을 제공할지 등이 갈수록 주목받게 될 것이다. 상이한 토양 자원 이용 형태 가운데 어떤 지구적 상호작용이 자연이 제공하는 서비스를 보존하고 동시에 우리의 생존을 보장하는 데 가장 적합한 것인지를 찾아내려는 연구가 이제 시작됐다. 여기서 다루는 문제는 현재의 연구 중에서 가장 흥미롭고 복잡한 주제에 포함된다.

우리가 지구적으로 수자원을 관리하는 방법을 배운다면 수자원은 오랫동안 존속할 것이다. 물은 원유와 같지 않다. 물은 끊임없이 스스로 새로워진다. 최초로 부족하게 될 가능성이 가장 큰 천연자원인 물은 우리가 지구 시스템의 중요한 물질 순환을 지속가능하게 관리할 수 있을지를 우리에게 보여주는 자원이 될 것이다. 그렇게 해야만 이미 수자원의 전용과 소유를 통해 확보한 책임에 걸맞게 정의로울 수 있다. 지구촌에서 갈수록 많은 과학자와 기술자가 이런 문제를 다루고 있고, 갈수록 많은 정치인이 해법을 묻고 있으며, 갈수록 많은 사람이 해법을 필요로 하고 있다.

용어 설명

바이오매스 biomass 생물질. 식물이 햇볕의 도움으로 탄소동화작용을 통해 만들어내는 살아 있는 물질의 양. 습한 바이오매스와 건조한 바이오매스, 지상 바이오매스와 지하 바이오매스가 있다. 녹색 물 흐름과 관련한 초목의 생산이라는 측면에서는 보통 건조한 지상 바이오매스를 의미한다.

부영양화 eutrophication 생태계에서 화학적 영양소가 지나치게 늘어나는 현상.

사막화 desertification 사람이 사막 주변 지역을 지나치게 활용하는 데 따른 사막의 확대 과정.

상류 지역 upstream 강의 흐름에서 수력학적으로 낮은 곳에 위치한 강 시스템의 지역. 강 시스템의 어떤 지역이 수력학적으로 높게 되는 것은 중력이 그 지역을 벗어나는 쪽으로 물을 이동시키기 때문이다.

수확 지수 harvest index 수확된 바이오매스가 전체 바이오매스에서 차지하는 비율. 그 외의 바이오매스는 잎·줄기·이삭 등이다.

온실가스 GHG 지구 밖으로 열이 방출되는 것을 줄이는 대기의 구성 요소로, 농도에 따라 지구의 온도를 바꾸게 된다. 대기 중에서 가장 효과적인 온실가스는 수증기와 이산화탄소로, 지표면의 온도를 30도까지 높인다.

유네스코 UNESCO 프랑스 파리에 본부를 둔 유엔교육과학문화기구(www. unesco.org).

유전상수/비유전율 dielectric constant 분자 안에서 양과 음의 전하가 분균등하게 분배되는 정도. 양쪽 전하가 똑같이 분배되면 1의 값을 갖는다. 유전상수는 분자의 다른 영역에서 양과 음의 전하가 분리되는 정도에 따라 커진다.

지구 생명 유지 시스템 Earth life-support system 우리가 알고 있는 생명체의 요구 조건을 제공하는 지구 시스템의 한 영역. 생명체는 특정한 제한된 기후 범위에서만 존재하며, 이산화탄소와 액체 물의 존재와 연관돼 있다.

지구 시스템 earth system 지구의 모든 광물질과 물질 순환 상호작용의 총체. 가장 중요한 물질 순환은 물순환, 탄소순환, 질소순환, 인순환, 황순환이다. 지구 시스템은 태양에서 에너지를 받으며, 적은 양이지만 지구 안쪽의 내부 과정도 에너지를 제공한다. 에너지 흡수와 손실은 균형을 이룬다. 균형 온도는 주로 대기의 온실가스에 의해 결정된다.

지구적 물 동반자 Global Water Partnership 세계은행, 유엔발전계획(UNDP), 스웨덴발전기구(SDA)가 지속가능하고 통합된 물 사용을 위한 더블린 원칙의 이행을 뒷받침하려고 1996년에 설립한 기관(www.gwpforum.org).

천연자원 natural resource 인간은 생존을 위해 지구 시스템이 제공하는 재화와 서비스에 끊임없이 의존해야 하는데, 이 재화와 서비스를 말한다.

토양 수분 soil moisture 토양 속 물의 양으로, 일반적으로 '용량 퍼센트'(Vol.-%)로 표시한다. 토양은 그 속에 포함된 광물질의 흡착력 때문에 중력에 맞서 물을 머금는다. 식물은 이 물의 일부분을 이용한다. 이는 식물 성장의 전제 조건이다.

토지 이용 land use 직접적인 이익을 얻으려고 지표면의 자연적 과정에 인간이 의도적으로 개입하는 것을 말한다. 숲을 농경지·주거지·도로 등으로

바꾼 결과 초래된 초목의 변화 외에도 인공 비료를 뿌려 풀밭과 목초지의
성장을 촉진시키는 것 또한 포함된다.

풍식 eolian deflation 바람이 작은 알갱이를 날려 보내 지구 표면을 침식시키
는 현상.

하류 지역 downstream 강의 흐름에서 수력학적으로 낮은 곳에 위치한 강 시
스템의 지역. 강 시스템의 어떤 지역이 수력학적으로 낮게 되는 것은 중력
이 강어귀에 가까운 쪽으로 물을 이동시키기 때문이다.

FAO United Nations Food and Agriculture Organization 이탈리아 로마에 본
부를 둔 유엔식량농업기구의 약칭(www.fao.org).

IWMI International Water Management Institute 스리랑카 콜롬보에 본부를
둔 국제물관리기구의 약칭. 이 기구의 주요 임무는 물 관리가 필요한 지역
에서 기초 연구를 하는 것이다(www.iwmi.org).

UNEP United Nations Environment Programme 케냐 나이로비에 본부를 둔
유엔환경계획(www.unep.org).

WHO World Health Organization 스위스 제네바에 본부를 둔 유엔세계보건
기구(www.who.int).

참고 문헌

Allan, J. A. (1993): "Fortunately there are substitutes for water other-
wise our hydro-political futures would be impossible," In : ODA,
Priorities for water resources allocation and management, ODA,
London, pp. 13~26.

Alcamo, J., Vörösmarty, C. (2005): "A new Assessment of World Water
Resources and their Ecosystem Services," *Global Water News,* No. 1
(2005) 2 (www.gwsp.org vom 12. 8. 2005).

Brown, L. R. (2004): *Outgrowing the Earth,* W. W. Norton & Co.,
London.

Cosgrove, W. J., Rijsberman, F. R. (2000): *World Water Vision-Making
Water Everybody's Business,* Earthscan, London.

Daily, G. C. (Ed) (1997): Nature's Services-Human Dependence on
Natural Eosystems, Island Press, Washington D.C.

ECOSOC (2001): Statistical Profiles of LDCs, 2001. Economic and
Social Council (ECOSOC), United Nations Conference on Trade

and Development UNCTAD, http://www.unctad.org/en/pub/ldcpro-files2001.en.htm (1. 10. 2002).

EUROSTAT (2007): Viewed 6. 12. 2006 at http://epp.eurostat.cc.europa.eu

Ellen, R. F. (1987): Environment, Subsistance and System. The Ecology of Small-scale Social Formations, Cambridge, 324pp.

Falkenmark, M. (2001): More Crops or More Ecological Flow?-in Search of a "Golden Section" in Catchment Rainwater Partitioning, in: Proceedings of the SIWI Seminar "Water Security for Cities, Food and Environment-Towards Catchment Hydrosolidarity", Stockholm, zooi.

Falkenmark, M., Rockström, J. (2004): *Balancing Water for Humans and Nature,* Earthscan, London.

Fewtrell L., Kaufmann R. B., Kay D., Enanoria W., Haller L., Colford J. M. Jr. (2005): "Water, sanitation, and hygiene interventions to reduce diarrhoea in less developed countries: a systematic review and meta-analysis." *Lancet Infectious Diseases* 5(1): 42~52.

FAO (1995): *Irrigation in Africa in Figures,* Water Reports No. 7, Rome, FAO.

FAO (1999): IFAD/FAO (1999). Prevention of land degradation, enhancement of carbon sequestration and conservation of biodiversity through land use change and sustainable land management with a focus on Latin America and the Caribbean. World Soil Resources Reports 86. Rome, Food and Agriculture Organization.

FAO (2002): World Agriculture: towards 2015/30, Summary Report, Viewed 5. 1. 2007 at http://www.fao.org/004/y3557e/y3557e21.htm

FAO (2006): World Agriculture: towards 2050, Summary Report, Viewed 3. 1. 2007 at http://www.fao.org/es/esd/at2050web.pdf

Geographie (2007): Gebhardt, H., Glaser, R., Radtke, U., Rcuber, P. (Hrsg.) (2007): *Geographie -Physische Geographie und Humangeographie,* Spektrum Akademischer Verlag, Heidelberg.

Gleick, P. H. (2000): *The Worlds Water 2000-2001. The Biennial Report on Fresh water Resources,* Island Press, Washington D.C.

Gleick, P. H. (2005): Viewed 6. 12. zoo6 at http://www.aaas.org/international/ehn/fisheries/gleick.htm

GLOWA (2007): Projekt: Globaler Wandel des Wasserkreislaufs im Rahmen der Global Change Forschung des Bundesministeriums für Bildung und Forschung (BMBF), viewed 10. 1. 2007 at http://www.glowa.org

Global Water Partnership (2000): Integrated Water Resources Management, Technical Advisory Committee (TAC) Background Paper No. 4 (www.gwpforum.org on 3. 9. 2005).

Gorshkov, V. G., Gorshkov V. V., Makarieva, A. M. (2000): *Biotic Regulation of the Environment: Key Issue of Global Change.* Springer-Verlag, London.

Halbrock, K. (2007): *Feeding the Planet: Environmental Protection through Sustainable Agriculture,* Fischer Taschenbuch Verlag, Frankfurt am Main.

Hoekstra, A. Y. and Hung, P. Q. (2002): Virtual water trade: A quantification of virtual water flows between nations in relation to international crop trade, Value of Water Research Report Series No. 11, IHE, Delft, the Netherlands.

IWMI (2000): International Water Management Institute: Water Issues of 2025: A Research Perspective. Colombo, Sri Lanka.

IPCC (Intergovernmental Panel on Climate Change) (2001): Scientific Assessment of Climate Change, Summary for Policymakers, Climate Change 2001: Synthesis Report of the IPCC Third Assessment Report. XVIII Session of the IPCC, Wembley, United Kingdom, 24~29 September 2001.

Jäger, J. (2007): *Our Planet: How Much More Can Earth Take?*, Fischer Taschenbuch Verlag, Frankfurt am Main.

Jansson, Å., Folke, C., Rockström, J., and Gordon, L. (1999): "Linking fresh water flows and ecosystem services appropriated by people: The case of the Baltic Sea drainage basin. *Ecosystems*, 2, 351~366.

Latif, M. (2007): *Climate Change: The Point of No Return,* Fischer Taschenbuch Verlag, Frankfurt am Main.

Mason S. A. (2004): *From Conflict to Cooperation in the Nile Basin,* Dissertation, Center for Security Studies, ETH Zürich.

Nicol A. (2003): *The Nile: Moving beyond Cooperation,* IHP-VI, Technical Documents in Hydrology, PC-CP Series, No. 16, UNESCO, Geneva.

Oki, T., Sato, M., Kawamura, A., Miyake, M., Kanae, S., Musiake, K. (2003): "Virtual water trade to Japan and in the world." In: *Virtual water trade. Proceedings of the International Expert Meeting on Virtual Water Trade* (Ed.: A. Y. Hoekstra), Value of Water Research Report Series No. 12, Delft University, Holland.

Rapp A., Murray-Rust, H., Christiansson, C., Berry, L. (1972): "Soil Erosion and Sedimentation in four Catchments near Dodima,

Tanzania", *Geografiska Annaler,* 54A (1972), 3-4, pp. 255~318.

SDNP (2006): Sustainable Development Network Programme viewed
3. 12. 2006 at http://www.sdnpbd.org/sdi/international_days/
wed/2006/desertification/uncp_status.htm#global_stat_dsrt

Shiklomanov, I. A., (Ed.) (1997): *Assessment of water resources and
water availability in the world. Comprehensive Assessment of
the fresh water resources of the worlds,* World Meteorological
Organization, Geneva.

Shiklomanov, I. A. (2000): "Appraisal and assessment of world water
resources", *Water International,* 25(1): 11~32.

SIWI (Stockholm International Water Institute) (2004): *Securing
Sanitation-The Compelling Case to Address the Crisis,* Report
to Government of Norway, The Stockholm International Water
Institute, Sweden.

SIWI (Stockholm International Water Institute) (2005): *UN Millennium
Project Task Force on Water and Sanitation Final Report,
Abridged Edition Health, Dignity, and Development: What Will It
Take?,* Stockholm International Water Institute, Sweden.

Steffen, W., Sanderson, A., Jäger, J., Tyson, P. D., Moore Ⅲ, B.,
Matson, P. A., Richardson, K.,Oldfield, F., Schellnhuber, H.-J.,
Turner Ⅱ, B. L., Wasson, R. J. (2004): *Global Change and the Earth
System-A Planet Under Pressure,* Springer Verlag, Heidelberg,
Germany.

UNEP (2002): *Vital Water Graphics-An Overview of the State of the
World's Fresh and Marine Waters,* UNEP, Nairobi, Kenya.

UNEP (2005): Severskiy, I., Chervanyov, I., Ponomarenko, Y.,

Novikova, N. M., Miagkov, S. V., Rautalahti, E. and D. Daler. *Aral Sea, GIWA Regional assessment* 24. University of Kalmar, Sweden.

UNEP/GRID (2006): Viewed 6. 12. 2006 at http://maps.grida.no/

U. S. Census Bureau (2006): World population on 6 December 2006: 6,561,495,011 viewed 6. 12. 2006 at http://www.census.gov/ipc/www/popclockworld.html

Vashneva, N. S. and Peredkov, A. V. (2001). *Water and Health. Water and Sustainable Development of Central Asia,* Soros-Kyrgyzstan Fund (in Russian).

Vitousek, P. M. 1994: "Beyond Global Warming: Ecology and Global Change". *Ecology:* Vol. 75, No. 7, pp.1861~1876.

Wackernagel, M., Rees, W. (1996): *Our ecological footprint: Reducing human impact on the Earthy,* New Society Publishers, Gabriola Island, B.C., Canada.

WBGU (1997): *Welt im Wandel: Wege zu einem nachhaltigen Umgang mit Süßwasser, Jahresgutachten 1997 des Wissenschaftlichen Beirats der Bundesregierung Globale Umweltveränderungen,* Springer Verlag, Heidelberg.

WHO/UNICEF (2004): Joint UNICEF/WHO Monitoring Program (JMP) website at http://www.wssinfo.org/en/welcome.html

Wichelns, D. (2001): "The role of 'virtual water' in efforts to achieve food security and other national goals, with an example from Egypt", *Agricultural Water Management,* 49: 131~151.

Williams, E. D., Ayres, R. U. and Heller, M. (2002): "The 1,7 kilogram microchip: Energy and material use in the production of semiconductor devices", *Environmental Science and Technology* 36 (24):

5504~5510.

WMO (1992): Viewed 25. 10. 2005 at http://www.wmo.ch/web/homs/
documents/english/icwedece.html